맛을 보다

음식의 맛과
색에 관한 이야기

맛을 보다

이상명 지음

20세 전후의 남녀 826명을 대상으로 앙케트 용지에 색견본을 첨부하여 색이 식욕 증진에 영향을 주는지 조사한 결과, 남녀 모두 80% 이상이 영향을 준다고 대답했다. 또 빨강, 노랑, 초록 등 다양한 색상의 사탕을 주고 한 개만 선택하게 했을 때 색에 의해 선택한 경우가 맛에 의해 선택한 경우보다 많거나, 처음 접해보는 새로운 음식을 먹을지 말지 결정하는 데 판단요소로서 가장 영향을 주는 것이 음식물의 색채라는 연구 결과도 있다.

이 모든 것이 시각이 그리고 특히 색채의 지각능력이 뛰어난 인간에 있어 음식물의 색채는 아주 중요하며 맛의 판단 또한 색채에 많은 영향을 받는다는 것을 알려준다. 인간이 어떠한 상황을 판단할 때 미각, 촉각, 후각, 시각, 청각의 다섯 감각 중에 시각이 가장 큰 영향을 준다는 연구 결과가 있다. 즉 이 말은 시각정보가 다른 감각정보보다 우위를 차지하여 우리의 뇌는 시각정보 위주로 상황을 판단한다고 할 수 있다.

맛에 있어서도 그렇다. 오렌지색인 음식은 왠지 오렌지맛이 느껴지고, 싱싱하고 맛있는 음식이라도 곰팡이가 핀 듯한 색으로 칠해놓으면 기분이 나빠지거나 식욕이 없어지고 급기야 마치 부패한 음식을 먹었을 때와 같은 증상을 겪기도 한다. 색채는 직감적으로 또 정서적으로 우리 일상의 많은 판단의 순간에 영향을 주며, 그 바탕에는 평상시의 다양한 경험에서 축적된 색채 정보가 있다.

이 책은 맛을 느끼는 원리와 색이 보이는 원리부터, 우리가 음식을 통해 어떠한 색경험을 하는지, 인류는 이를 어떻게 이용하고 발전시켰왔는지, 또 현재에는 어떻게 활용하고 있는지까지 색과 음식과 인간에 관한 다채롭고 풍성한 이야기를 담고 있다. 이 책을 통해 우리가 미처 몰랐던 '맛의 평가'와 시각, 그리고 색에 대한 비밀에 한 걸음 더 가까이 다가갈 수 있길 바란다.

2023년 12월

이상명

차례

저자 서문 _ 4

PART 1

맛을 보다

맛은 기억이다 _ 15

맛은 시각에 의존한다 _ 20

맛을 느끼는 원리 _ 33

PART 2

색에 관한 이야기

색이 보이는 원리 _ 51

색소의 역사: 색으로 물들이다 _ 55

안전한 색사용: 규제와 표준 이야기 _ 63

진짜 색이란?: 식품의 이미지와 색 _ 76

PART 3

음식 색 팔레트 'Eat The Rainbow'

색에는 맛이 있을까?: 색과 맛 _ 96

친숙한 식품들의 색 이야기 1: 달걀 _ 112

친숙한 식품들의 색 이야기 2: 소금 _ 116

친숙한 식품들의 색 이야기 3: 설탕 _ 127

친숙한 식품들의 색 이야기 4: 쌀 _ 136

친숙한 식품들의 색 이야기 5: 고기 _ 141

친숙한 식품들의 색 이야기 6: 과일 _ 156

친숙한 식품들의 색 이야기 7: 식용꽃 _ 162

PART 4

일상에서 색을 맛있게

조명: 빛과 미각부터 색온도와 생활 리듬, 심리 효과까지 _ 173

색의 3속성 _ 182

색과 감정 _ 187

맛있게 보이는 색조합: 배색 _ 206

감사의 글 _ 216

참고문헌 _ 219

맛이 있는 풍경

"이쪽엔 박하 향기가 나는 납작한 박하사탕이 있었다. 그리고 쟁반에는 조그만 초콜릿 알사탕, 그 뒤에 있는 상자에는 입에 넣으면 흐뭇하게 뺨이 불룩해지는 굵직굵직한 눈깔사탕이 있었다. 단단하고 반들반들하게 짙은 암갈색 설탕 옷을 입힌 땅콩을 위그든 씨는 조그마한 주걱으로 떠서 팔았는데, 두 주걱에 1센트였다. 물론 감초 과자도 있었다. 그것을 베어 문 채로 입 안에서 녹여 먹으면, 꽤 오래 우물거리며 먹을 수 있었다."

중학교 1학년 교과서에 나오는 폴 빌라드의 「이해의 선물」 내용이다. 국어 교과서의 수많은 글 중 유독 이 문장이 가끔 떠오를 때가 있다. 내 유년 시절의 기억도 아닌데 이 구절을 떠올릴 때면 살짝 흥분되고 떨리는 마음으로 사탕 진열대 앞에 서 있는 내가 보인다. 그리고 달큼한 사탕 맛이 입 안 어딘가에서 은은하게 퍼지는 듯한 신기한 경험을 한다.

PART 1

맛을 보다

영어로 'See'는 '알다/이해하다'의 의미로도 쓰인다. 보다 구체적으로 말하면 'I see'는 처음에는 몰랐거나 알아차리지 못했던 것을 알게 되었을 경우에 사용한다. 그래서 무언가 상황이나 이유를 이해 못 해서 답답할 때 'I don't see why~'라고 하는 등 일상에서 자주 쓰이는 표현이다. 원래 '보다'라는 의미의 동사가 왜 '이해하다'라는 의미로 쓰이게 되었을까? 그러고 보니 우리에게 익숙한 고사성어로 '백문불여일견(百聞不如一見)'이 있다. 백번 듣는 것이 한 번 보는 것만 못 하다는 뜻으로, 실제로 경험해보아야 확실히 알 수 있다는 의미이지만 '본다'는 것이 직접 '경험하다'라는 의미로 쓰이며 경험해야 확실히 '안다'라는 표현이 흥미롭다. 어쨌든 좀 과장해서 말하면 인간에게 '본다'는 것은 큰 의미가 있어, 모르는 것도 대체로 보면 이해할 수 있고, 또 그래서 이해했다는 의미가 '본다'라는 말로도 혼용되었다고 이해할 수 있겠다.

인간은 다섯 가지의 감각기관을 갖고 있고, 살아 있는 동안에는 이 감각기관을 통해 들어온 감각을 뇌로 전달, 상황과 필요에 따라 다양한 반응을 한다. 그런데 인간의 이 감각기관의 정보 수집 능력이 동일하지 않고 "시각 87.0%, 청각 7.0%, 후각 3.5%, 촉각 1.5%, 미각 1.0%"("시각 83.0%, 청각 11.0%, 후각 3.5%, 촉각 1.5%, 미각 1.0%"라고 게재된 문헌도 있음)와 같이 기관별로 다르다고 한다. 문헌에 따라 약간의 수치 차이는 있지만 약 80% 이상이라는 압도적인 수치로 시각의 역할이 크다는 것을 알 수 있다. 즉 어떤 상황이나 문제를 처리할 때 시각으로 얻은 정보가 우리의 이해나 판단에 가장 큰 영향을 준다는 것이다. 이러한 감각기관별 처리 능력의 차이를 보니 'I see'나 '백문불여일견' 같은 관용적인 표현은 우리 뇌의 이런 특징을 인간이 본능적으로 또는 진화에 의한 발달 과정을 통해 알고 있었기 때문에 생겨난 표현일지도 모른다는 생각이 든다.

우리말에 '음식의 맛이나 간을 알기 위하여 시험 삼아 조금 먹다' 또는 '체험한다'는 의미로 쓰이는 '맛보다'라는 표현이 있다. 찾아보니 '맛보다'라는 어휘는 15세기 문헌에도 쓰이던 아주 오래된 표현이라고 한다. '맛보다'는 '맛'과 '보다'가 결합하여 생긴 말로, 여기서 '보다'는 눈으로 '본다'라는 의미보다 '해보다', '가보다'와 같은 '보다'로 '시도해보다'라는 의미로 쓰였다. 그런데 '보다'가 '시도해보다'라는 뜻을 가지게 된 것은 '보다'의 '눈으로 대상의 존재나 형태적 특징을 알다'의 의미에서 파생된 것이다. 그러니 결국 '음식 맛이나 간을 알기 위하여 시험 삼아 조금 먹다'라는 의미의 '맛보다'는 진짜 맛을 '눈으로 본다'라는 데서 시작되었다는 것이다. '알아차리다/파악하다'의 의미를 '눈으로 보는 것'이라는 말로 표현한다는 또 다른 예시라고 할 수 있겠다. 그런데 신기하게도 우리말의 '맛보다'와 똑같은 의미와 형태로 쓰이는 경우를 일본어

에서도 찾을 수 있다. 앞에서 말했듯이 우리말의 '맛보다'가 15세기에도 쓰던 표현이라는 것을 문헌에서 확인했으니 일제강점기의 영향은 아니라는 것은 확실하다. 일어에도 '味見(아지미)-맛보기/시식, 味を見る(아지오 미루)-맛을 보다'라는 표현이 있다. 여기서 見る(みる, 미루)는 한자 '見'에서도 알 수 있듯이 '보다'라는 의미이다. 말 그대로 '맛을 알기 위해 조금 먹다'라는 것은 '맛을 본다(見)'는 것과 같다는 뜻이라는 보다 확실한 증거인 것이다.

시대, 문화, 언어적 차이에 상관없이 '보다'라는 말을 '알다/파악하다/이해하다/경험하다' 등의 의미로 일상에서 기본적으로 사용한다. 그만큼 시각정보가 인간이 무엇을 알거나 파악하는 데 중요한 역할을 한다는 것을 인류는 오래전부터 알고 있었던 듯하다. 하지만 이러한 인간의 인지과정 특성과 구조를 우리가 알게 된 것은 과학이 꽤나 발전하고 난 비교적 최근의 일이다.

+

맛은 기억이다

'맛'을 사전에서 찾아보면 "「명사」 음식 따위를 혀에 댈 때 느끼는 감각"이라고 쓰여 있다. 맛은 혀, 즉 미각(味覺)의 감각이라는 설명이다. 과연 그럴까?

한자 식(食) 자는 人(사람 인) + 良(어질 량/양)이 합쳐진 글자이다. 이 조합을 보고 우리는 '먹는다' 또는 음식이라는 것이 사람(人)에게 이롭고 사람이 좋아하며(良) 즐기는 것이어서 이런 조합으로 글자가 기원했다고 생각하기 쉽다. 그런데 사실 식(食) 자의 기원에 관한 가장 대표적인 설 두 가지 모두 여기서 良은 전혀 이런 의미가 아니라고 한다. 하나는 상형문자로 '음식이 제기와 같이 받침이 있는 그릇에 담겨 뚜껑이 덮인 모습'에서 기인한 것이라는 설이다. 또 하나는 곡물의 구수한 냄새에 사람이 모이는 모습이라는 것이다. 글자의 기원에서부터 먹는다는 것이 단순히 입을 통해 음식을 섭취하는 것이 아니라는 것을 알 수 있다.

음식을 먹는 상황을 상상해보자. 우선 음식이 채 모습을 드러내기 전에 냄새가 우리를 자극한다. 그리고 눈으로 음식을 보고 식기로 떠 입에 넣고 씹어 삼키고 나서 비로소 음식이 맛있다, 달다, 맵다 등의 평가를 한다. 우리가 입을 통해 음식을 섭취하지만, 사실 식도로 음식이 넘어가기 전에 여러 감각기관을 통해 파악한 냄새, 외형, 질감, 온도, 그리고 분위기와 같은 요소들이 맛의 평가와 느낌의 결정에 큰 영향을 준다. 또한 그 음식에 관한 경험, 지식(성분, 유래, 조리법 등), 정보(가격, 누가 만들었는지 등)도 맛의 평가와 느낌에 영향을 끼친다. 우리가 맛을 느낀다는 것은 사실 혀와 미각만의 활동으로 이뤄지는 것이 아니라, 다양한 감각이 받아들인 자극 정보를 뇌에서 기존의 경험이나 지식에 의한 정보, 현재 상황 정보 등을 종합한 결과를 일체화하여 맛의 평가로서 내놓는 것이다. 이처럼 맛의 평가는 많은 감각이 같이 작용하는 멀티센서링을 통한 뇌의 최종 판단에 따른 결과이다.

이 과정을 좀 더 자세히 알아보도록 하자. 맛을 표현하는 언어 중에 유독 냄새를 표현하는 어휘가 많다. 이것은 그만큼 냄새가 맛을 느끼는 데 중요한 역할을 한다는 반증일 것이다. 어릴 때 쓴 약이나 먹기 싫은 음식을 먹을 때 코를 막고 먹었던 기억이 있을 것이다. 코를 막고 먹으면 식초음료도 과일주스처럼 마실 수 있다는 얘기를 들은 적이 있다. 요 몇 년 코로나19 증상 및 후유증으로 후각을 상실해본 사람들의 경험을 보면 이러한 사실은 더 확실하게 알 수 있다. 심할 때는 아예 아무런 맛도 냄새도 안 느껴지고 마치 물속에서 잠수한 상태로 무언가 먹는 느낌과 같다고도 한다. 회복하면서 차츰 맛이 느껴졌지만 단맛, 쓴맛, 신맛, 짠맛, 매운맛이 각각 따로 느껴져 달콤 짭짤하거나 매콤달콤한 복합적인 맛이 안 느껴져 그 음식의 원래 맛과 다른 맛이 났다고 한다. 콜라에서 치약 맛이 난다거나, 매콤한 감칠맛이 일품인 짬뽕에서 그냥 짠맛만 느껴지는 등 맛을 제대로 못 느끼고 이상한 맛이 느껴지니 먹는 즐거움이 사라져 식욕 감퇴는 물론 삶의 활기가 사라지고, 어떤 사람은 그 상태를 인생이 흑백영화같이 지루하고 답답했다고 묘사하고 있다.

의사들은 그 원인에 대해 바이러스로 인해 신경 자체가 손상이 되거나 신경과 관련된 후각 점막이 어떤 손상을 입어서 냄새 전달이 잘 안 되기 때문이라고 한다. 냄새 분자들이 코로 들어가긴 했지만, 이 정보를 제대로 캐치하거나 처리하지 못해서 냄새를 맡을 수 없게 된 상황이라 한다. 그래서 미각을 회복하기 위해서는 후각 훈련을 하는 것이 효과적이라고 한다. 후각 훈련이란 홍초액, 레몬, 커피 등 우리가 알고 있는 음식을 직접 맛보거나 냄새를 맡으며 그 맛과 향을 기억해내려고 하는 훈련이다. 아침저녁 한 자극당 약 10초 정도 너무 많은 자극이 아니고 네 개 이하의

▲ 레몬을 보거나 먹지 않고 떠올리는 것만으로도 입에 침이 고인다. 우리 뇌에는 맛에 대한 판단을 하기 위해 학습과 경험으로 축적된 맛과 향기의 정보가 남아 있기 때문이다.

자극을 킁킁 냄새를 맡고 입에 머금어보기도 하며 감각기억을 되살리는 것이다. 감각기관이 손상을 입었어도 우리의 몸과 뇌가 그 맛과 향을 기억하고 있으므로 예전에 느낀 적이 있던 그 기억을 상기해내어 감각을 되살리려는 것이다. 간단히 말하면 원래는 감각기관이 캐치한 자극이 신경회로를 따라 전달되어 뇌를 자극하지만, 이 경우는 뇌에서 그 자극의 흔적을 찾아 되살리는 방법이라고 할 수 있겠다. 이렇게 후각 훈련을 하다 보면 어느 날 미각 감각이 돌아와 레몬을 입에 넣었을 때 침이 분비되는 것을 다시 경험하게 된다는 것이다. 이때 해당 자극에 관한 기억이나 장면을 떠올리면서 훈련을 하면 그 효과가 더욱 좋다고 한다. 우리 뇌에는 맛에 대한 판단을 하기 위해 학습과 경험으로 축적된 맛과 향기의 정보가 남아 있기 때문이다. 그래서 레몬을 보거나 먹지 않고 떠올리는 것만으로도 입에 침이 고인다. '레몬은 시다'라는 기억에 대한 조건반사로, 강한 산성 물질이 입 안을 자극했던 레몬에 대한 기억이 작용하면서 침이 분비되는 것이다.

\+ 맛은 시각에 의존한다

인터넷에는 먹방 영상이 넘쳐난다. 단순히 많은 양을 먹거나 새로운 맛이나 맛집을 소개하는 내용부터 괴식(怪食: 괴상한 음식을 의미, 일반적으로 어울리지 않을 것 같은 조합으로 색다른 맛을 내는 것) 시식이나 실험까지 내용이 다양하다. 그중에서 눈을 가리고 음식을 먹인 후 무엇인지 알아맞히게 하는 실험 영상들도 있는데, 눈을 가리면(코까지 막은 실험들도 많은데 단순히 눈만 가리거나 음식물이 안 보이게 하고 시식하게 하는 영상을 보아도) 콜라와 사이다를 구별 못 하거나 설탕을 넣은 보리차를 커피라고 한다거나 간장 뿌린 푸딩과 성게를 구별 못 하는 등 재미있는 영상들이 많다.

앞에서 '맛보다'에 대해 이야기를 하며 어떤 상황이나 자극에 대한 정보를 처리하는 우리의 인지과정에서 각 감각기관의 정보처리 능력이 "시각 87.0%, 청각 7.0%, 후각 3.5%, 촉각 1.5%, 미각 1.0%"와 같다고 했다. 그리고 흔히 미식이나 솜씨를 잔뜩 부린

고가의 디저트를 말할 때 '눈으로 먹는다'라는 표현을 쓴다. 상품에 있어서도 시각적으로 어필하는 것은 구매력을 향상시키며 우리는 첫인상, 도입부, 표지 등 다양한 분야에서 첫눈에 좋은 인상을 주기 위해 노력한다. 좀 진부한 표현이지만 이러한 상황을 한마디로 잘 설명하기에 '보기 좋은 떡이 먹기도 좋다'라는 말을 안 쓸 수가 없다. 이 익숙한 속담도 '맛보다'라는 표현처럼 신기하게 과학적으로도 맞는 말이다. 눈에 보이는 음식의 색과 모양은 맛에 그리고 브랜드의 이미지에까지 중요한 역할을 한다. 그래서 식품업계나 외식업계에도 색을 활용한 마케팅이 끊임없이 나오고 상품의 패키지 및 매장 디자인에 막대한 비용을 지불하고 있는 것이다.

세계적인 신경인류학자이며 의사인 올리버 색스(Oliver Sacks)가 쓴 책 『화성의 인류학자: 뇌신경과의사가 만난 일곱 명의 기묘한 환자들』에 색의 인지와 미각(味覺)에 관련된 사례가 나온다. 이 책은 신경학자인 올리버 색스가 자신이 담당했던 뇌신경 손상으로 인해 기이한 삶의 방식을 갖게 된 환자들의 임상 사례를 소설처럼 서술한 책이다. 일곱 명의 환자 중 한 사람인 어느 날 갑자기 색맹이 된 60대의 화가 Mr. I는 원래 정상적인 시각을 가지고 있었지만 교통사고로 신경계에 손상을 입어 갑자기 색을 인지하지 못하게 되었다. 망막이며 원추체와 같은 색을 지각하는 기관

▲ 대뇌기관 손상으로 모든 색이 무채색으로 보이게 된다면 어떨까? 알록달록 맛있게 보였던 음식들에서 느꼈던 식욕을 무채색의 음식에서도 그대로 느낄 수 있을까?

에는 아무 이상이 없는데 색정보를 처리하는 대뇌기관의 손상으로 인한 색맹으로 눈으로 보는 모든 장면은 물론 상상 속에서 색을 떠올리는 것조차 하지 못하게 되었다. 그는 자신의 몸은 회색으로 그리고 모든 것들이 흑백의 세계로 보였으며 마치 흑백 TV의 세계를 보는 것 같다고 했다.

토마토는 검은색으로 보여 원래 알고 있던 맛을 느끼지 못했으며, 예전에 알던 색과 너무 다르게 보이는 음식들에 불쾌한 감정이 일어나 시체 같은 회색과 지저분한 색들로 보이는 음식들을 눈을 감아야 겨우 삼킬 수 있었다고 했다. 결국 Mr. I는 흰색과 검은색 음식은 그나마 거부감이 덜해 그런 음식만 골라 먹었다.

이 사례로 우리는 인간이 색을 어떻게 지각하는지, 그리고 색지각이 인간의 다른 감각기관, 나아가 우리 생활에 어떠한 영향을 주는지에 대해서 생각해볼 수 있다. 색을 지각하는 기관은 이상이 없지만 그것을 처리하는 뇌의 기능이 손상되어 색을 볼 수 없게 된 것에서 우리는 흔히 눈으로 색을 본다고 하지만 실은 눈만으로는 색을 볼 수 없고, 뇌가 정보를 처리해줘야 비로소 색으로 지각할 수 있다는 것을 알 수 있다. 즉 '색은 눈으로 보는 것이 아니다'라는 것을 알 수 있다. 또 색지각에 이상이 생겼을 때 단순히 색만 제대로 보지 못해 불편한 것이 아니라 우리의 다른 감각에도 영향을 끼친다는 것이다. 특히 미각에 대한 영향력은 커서 생존에 필요한 영양을 섭취하기 위해 기본적으로 유지되어야 하는 식욕을 감퇴시키기까지 한다는 것이다. 이것으로 미각은 단순히 입으로만 느끼는 것이 아니라 시각과 관련이 깊고, 색은 맛과 형태, 질감 등과 함께 음식의 느낌을 구성하는 특징 중의 일부이지만 사람의 식욕을 촉진하거나 떨어트리거나 하는 데 그 영향력이 크다는 것을 알 수 있다.

어느 칼럼에서 이런 문장을 본 기억이 있다. "소믈리에를 속이는 것은 간단하다. 와인의 색을 바꾸면 된다." 소믈리에는 수천 수만 가지의 와인을 향과 맛으로 구별하고 또 그 맛의 미묘한 차이와 느낌을 현란한 미사여구로 정교하고 날카롭게 표현할 수 있는 능력자가 아닌가! 그런 소믈리에를 게다가 그들의 전문인 와인으로 속인다고? 색만으로?

2001년 보르도 대학에서 와인 양조학을 공부하고 있는 54명의 학생들에게 찰스 스펜스(Charles Spence)가 실시한 실험이 그것을 증명한다. 카베르네 쇼비뇽, 메를로 등으로 만든 적포도주와 백포도주를 각각 한 잔씩 시음하게 한 후 그 맛의 감상을 적어 내게 했다. 다들 일반적인 와인을 서술하는 방식, 즉 레몬, 꿀, 짚과 같은 어휘는 화이트와인의 풍미로, 자두, 초콜릿, 담배 등과 같은 어휘는 레드와인의 풍미로 선택하였다. 일주일 후, 이번에도 전과 마찬가지로 피험자들에게 흰색 와인과 붉은색 와인을 각각

▲ 화이트와인에 붉은 색소를 넣어 레드와인처럼 보이게 하면 시음에 어떤 영향을 미칠까? 소믈리에라면 붉은 색소를 탄 화이트와인을 구분해낼 수 있을까?

한 잔씩, 두 잔의 와인을 시음시키고 감상을 적어 내게 하였다. 그러나 이번에는 붉은색 와인이 진짜 적포도주가 아닌, 적포도주처럼 보이도록 백포도주에 무미무취의 안토시아닌 색소를 넣은 것을 제공하였다. 즉 백포도주만 두 개를 제공한 것이다. 물론 이러한 사실을 피험자는 모르도록 진행하였다. 그리고 그 결과, 피험자들이 인공적으로 붉은색으로 만든 화이트와인의 맛에 '치커리', '자두', '담배'라는 적포도주의 풍미를 서술하는 어휘를 선택한 것을 알 수 있었다. 그리고 같이 제공된 원래 백포도주 그대로의 색인 와인에 대해서는 '벌꿀', '레몬', '리치' 등의 일반적인 백포도주의 맛을 서술하는 어휘를 선택하였다. 피험자들은 붉은색 백포도주를 전적으로 적포도주라고 생각하고, 그 풍미의 주요 맛이 '딸기'인지 '라즈베리'인지를 결정하기 힘들어 했다고 했다.

간혹 오랫동안 잘 팔리던 과자나 음료수의 포장이 바뀐 후 맛이 바뀌었다는 소비자들의 항의를 받았다는 이야기를 매스컴에서 듣는다. 이런 경우 해당 제조사에서는 제조법은 변경되지 않았고 따라서 맛은 그대로라고 아무리 해명해도 소비자들은 납득을 못 하는 경우가 많다. 식품은 아니지만 성분이나 배합이 같은 가글액의 색이 바뀌어도 맛을 다르게 느끼는 경우도 있다고 한다. 필자는 빨간색의 과일 시럽은 무슨 맛이든 감기약 맛이 느껴진다는 사람들을 자주 목격했는데, 빙그레에서 2018년 출시한 귤맛 우유의 경우도 비슷한 사례다. 주요 성분이 원유(국산) 70%, 제주 감귤농축액(국산/고형분 60%) 0.05%인 귤맛 우유에 인공적인 맛이 날 리가 없지만 형광펜 맛이 난다는 의견이 많았다. 우유의 흰색과 귤의 주황색이 섞인 연한 살구색의 귤맛 우유는 '바나나 우유'로 익숙한 그 단지 모양의 용기에 밝은 주황색의 뚜껑 실(seal)로 포장되어 있었다. 이 색이 주황색 형광펜을 연상시켰던 것일까. 아무래도 주요 소비자층이 필기도구, 형광펜을 많이 쓰는 연령층이어서인지 형광펜이라는 연관성이 너무 컸던 듯하다. 시즌 한정 상품이긴 했지만, 식품의 맛 평가에 부정적인 영향을 주는 '형광펜 맛'이란 평가 때문에 결국 이 상품을 지금은 볼 수 없다.

그 밖에도 이러한 예는 많다.[1] 특히 앞에서도 언급한 옥스퍼드대학의 실험심리학자 찰스 스펜스는 색뿐만 아니라 음식의 시각, 촉감 및 청각, 상황 등이 맛의 지각에 미치는 영향에 대해 연구하여 2008년 이그노벨상의 영양학상 부문을 수상하며 괴짜 과학자라는 수식어를 얻었다. 예를 들어 음악 및 소리와 맛의 관계에 대한 실험에서 경쾌한 음악은 단맛을, 고음의 음악은 신맛을, 신나는 음악은 짠맛을, 부드러운 음악은 쓴맛을 더 잘 느끼

1) https://www.ncbi.nlm.nih.gov/pmc/articles/PMC7221102/

게 하며, 시끄러운 소리는 단맛을 덜 느끼게 한다고 했다. 그리고 바삭거리는 소리는 감자칩을 더 바삭하게 느끼게 한다는 것을 다양한 실험을 통해 알아냈다. 그는 이러한 과학적, 심리학적 발견을 『왜 맛있을까(Gastrophysics)』(2017), 『일상과학연구소: 먹고 자고 일하는 인간의 감각에 관한 크고 작은 모든 지식』(2022), 『'맛'의 착각, 최신 과학으로 알게 된 미각의 진실(「おいしさ」の錯覚 最新科学でわかった美味の真実)』(2018) 등 다수의 저서를 통해 발표하였다. 책 『왜 맛있을까』의 원제이기도 한 가스트로피직스(Gastrophysics)는 Gastronomy(미식학)와 Physics(물리학)의 합성어로 찰스 스펜스 자신이 인지과학과 뇌과학, 심리학 그리고 디자인과 마케팅 분야를 융합해 창안한 새로운 분야이다.

그는 일련의 연구를 통해 우리에게 일상의 감각, 특히 미각, 음식의 '맛'이란 무엇이고 인간이 어떻게 평가를 내리게 되는지에 대해 파헤치며 우리가 미각에 대해 큰 착각을 하고 있다고 말한다. 우리는 막연히 음식에 대해 '맛있다', '맛없다'에 대한 판단은 혀가 느끼고 판단한다고[2)] 여기기 쉽지만 사실은 뇌에서 결정된다. 그리고 맛을 느끼는 것조차 혀 외에도 눈, 코, 귀, 손은 물론 함께 먹는 사람, 시간대, 심지어 식당까지의 거리 등 모든 감각과 자극에 의해 영향을 받는다. 이렇게 각 기관에서 모인 수많은 정보가 뇌로 보내지면 기존에 학습과 경험으로 쌓인 기억과 정보를 조합해 뇌가 판단을 내린다. 즉 음식의 맛은 입이 아닌 뇌가 느끼는 것이다. 찰스 스펜스 교수가 "맛을 본다는 것은 뇌의 활동이다"라고 정의한 것도 이러한 이유이다. 실제 소믈리에가 와인 맛을 볼 때 뇌 영상을 촬영하면 뇌 전체가 상당히 활발하게 움직이는 것을 관찰할 수 있다고 한다. 이처럼 맛을 음미한다는 것은 다양한 감각과 뇌의 복잡한 활동과정을 수행하는 일인 것이다. 그러면 이 수많은 감각, 지각, 경험 정보 들을 뇌는 어떻게 정리하고 판단할까?

---

2) 실제 우리 모두 교과서에서 그렇게 배우기도 했다.

'미각지도'의 잘못된 안내

'미각' 하면 학교 다닐 때 열심히 그림을 그려가며 외웠던 혀의 미각지도를 떠올리는 사람이 많을 것이다. 이 '미각지도'의 기원은 1901년에 발표된 독일인 의사 데이비드 헤니(David Hänig)의 논문이라고 한다. 하지만 이것이 전 세계적으로 중고등학교 교과서에 실릴 정도로 퍼지게 된 것은 이것을 미국 하버드 대학의 심리학자 에드윈 보링(Edwin Garrigues Boring)이 저서 『실증 심리학의 역사에 있어서의 감각과 지각(Sensation and Perception in the History of Experimental Psychology)』(1942)에 번역·인용하면서라고 한다. 그런데 에드윈이 인용할 때 약간의 잘못이 있었다. 이것은 헤니의 원 논문의 문제이기도 하지만 특정 맛과 관련된 혀의 각 부분별로 민감도가 약간 달랐던 것을 마치 다른 맛을 전혀 못 느끼는 것처럼 정의했기 때문이다. 1974년에 미국의 버지니아 콜링스(Virginia B. Collings) 박사에 의해 이 지도의 잘못된 부분이 제기되고[3] 뒤이어 콜링스 박사의 의견을 뒷받침하는 연구들이 발표되면서 2001년 미국의 《사이언스 아메리칸》 지에서는 "모든 맛은 혀의 어느 부분에서라도 감지할 수 있다"고 하였다.

3) Collings, V. B. (1974). "Human Taste Response as a Function of Locus of Stimulation on the Tongue and Soft Palate".

따라서 맛지도는 전혀 맞지 않는 엉터리라는 인식이 커졌다. 물론 열심히 외우고 믿었던 것에 대한 반동으로 부정적인 반응이 큰 것은 이해하나 분한 마음을 가라앉히고 최근의 미각에 관한 연구결과를 보면, 행동학이나 신경학적인 측면에서 분석하면 미각지도가 완전히 순 엉터리는 아니라는 연구결과도 있다.

그런데 최근 맛은 혀가 아니라 뇌에서 구분할지도 모른다고 주장하는 과학자들이 있다. 미국 컬럼비아대 의대의 찰스 주커(Charles Zuker) 교수팀은 뇌의 특정 신경세포(뉴런)를 조종하자 특정 맛을 느끼게 할 수 있었다는 연구결과를 과학학술지 《네이처》에 2015년 발표했다. 쥐에게 평범한 맹물을 마시게 한 다음, 단맛을 인식하는 뇌 부위를 레이저 빛으로 자극했더니 맛이 없는(無味) 맹물을 마셨는데도 뇌는 단맛이 나는 음료라고 인식했고, 쓴맛을 인식하는 뇌 부위를 자극했더니 쓴맛으로 인식했다고 한다. 이 실험은 우리가 뇌를 자극해 맛을 속일 수도 있다는 것으로 어쩌면 진짜 미각지도는 혀가 아니라 뇌에 있을지도 모른다는 가능성을 시사한다.

맛을 느끼는 원리

그러면 진짜 맛은 어떻게 어디서 느끼는 것일까? 좁은 의미에서 '맛'은 맛을 느끼는 '감각', 즉 혀에서 느끼는 직접적인 감각을 의미한다. 그러나 앞에서 다루었듯이 우리가 맛을 인지하는 방식은 단순히 혀만의 감각이 아니라 후각, 촉각, 시각 그리고 경험 등의 조합에 의해 이루어진다. 우리가 음식의 맛을 좋아하는지 싫어하는지를 결정하는 것은 이러한 감각들의 상호 작용의 결과이다.

오랫동안 미각을 연구해오고 미각측정기인 '미각 센서'도 개발한 일본 규슈대학의 도코 기요시(都甲 潔) 교수는 "미각은 화학물질의 관점에서 말하면 마이크로의 세계, 신체나 세포학적으로는 매크로의 세계, 식문화적인 측면에서는 지구 전체를 다루는 매우 흥미로운 연구 대상"이라고 했다. 게다가 한때 철학도를 꿈꾸기도 했던 도코 교수의 "인간이란 무엇인가"라는 물음에 대한 지적 호기심도 채워주는 철학적인 분야라고 했다.

맛 감각기관의 구조

인지 메커니즘에 대해 연구하는 일본 산업 종합연구소 인간 환경 인터랙션 연구 그룹의 고바야카와 다츠(小早川 達) 박사는 "미각과 맛은 별개이며, '혀에서 들어오는 정보'인 '미각'과 '코에서 들어오는 정보'인 '후각'을 합쳐 우리는 '맛'을 느끼고 있는 것이다"라고 했다. 코로나 증상 및 후유증으로 미각을 잃거나 비염이나 감기로 코가 막혀 맛을 잘 모르는 것은 '혀의 감각이 떨어져서가' 아니라 '코가 냄새를 못 맡아서'라고 이 책의 앞부분에서도 서술한 바 있다. 미각에 영향을 끼치는 후각은 일반적으로 콧구멍을 통해 들어온 냄새(전비향, orthonasal, 前鼻香)보다 음식이 입 안에 있을 때 또는 씹으면 냄새분자가 퍼지며 목구멍 뒤쪽으로 올라가(후비향, retronasal, 後鼻香) 후각수용세포에 감지되어 뇌로 전달되는 것이 더 영향력이 크다.

도코 교수가 말했듯 미각 인식의 첫 단계는 후각과 마찬가지로 화학 물질에 의한 자극의 인식이다. 음식이나 음료가 입에 들어오면, 혀나 입 안에 존재하는 '맛세포(미세포, taste cell, 味細胞)'가 반응을 한다. 맛세포는 맛을 느끼는 감각세포로 꽃봉오리처럼 생긴 미뢰(taste bud, 味蕾) 안에 들어 있다. 다소 생소하고 어려운 한자이지만 이 미뢰의 '뢰(蕾)' 자가 꽃봉오리 '뢰'이다. 혀에는 무수한 미뢰가 있는데 크기는 높이 약 80㎛, 너비 약 40㎛이다. 미뢰는 주로 혀의 표면에 위치하지만(약 80%) 연구개(위 턱 안쪽의 물렁한 입천장), 뺨의 안쪽 벽, 인두, 후두개에도 미뢰가 있어 이곳에서도 맛을 느낄 수 있다. 혀의 표면을 보면 유두(papilla)라는 볼록하게 튀어나온 구조물이 보이는데, 이 유두 속에 미뢰가 자리 잡고 있으며 혀 외에 존재하는 미뢰는 유두라는 조직 없이 상피 표면에 분포한다. 미뢰는 50~150개의 맛수용세포(taste receptor cell)와 기저세포(basal cell)가 모여 만들어진 구조로, 각각의 맛세포 위쪽에는 미세융모라는 기다란 꼭지가 튀어나와 미뢰 표면에 있는 미공이라는 미각구멍(taste pore)에 연결되어 있으며, 이곳을 통해 음식물과 접촉한다. 미각세포가 맛 분자를 감지하면 그 정보는 미각신경(Gustatory Nerve)을 통해 뇌 '연수'의 '호속핵(Nucleus of Solitary Tract)'이라는 부위로 보내진다. 연수(brainstem)는 뇌간과 척수의 연결점에 위치하여 생명유지에 중요한 기능을 담당하는 곳으로 대뇌가 손상되어도 연수의 기능은 상대적으로 손상되지 않아 생존에 기본적인 심장박동, 호흡 및 혈압 유지, 기침, 삼키기와 같은 반사적 기능은 유지된다. 맛세포에서의 정보 외에 치아나 구강 내부에서 음식물의 접촉으로 느껴지는 촉감이나 온도 정보를 바탕으로 일어나는 반사적인 반응으로 신 음식을 먹을 때 침이 분비되거나 자극적인 음식을 먹었을 때 얼굴을 찡그리거나 등의 행동은 이 단계에서 일어나는 반응이다. 이 단계에서 몸에 이로운 물질인지 해로운 물질인지 판단을 내리고, 이것을 삼킬(섭취) 것인지 뱉을 것인지에 대한 반응을 하는 것이다. 우리의 입 속에 들어간 것이 영양분인지 해로운 물질인지는 분자 구조의 미세한 차이에 의해 결정된다. 기본적으로 영양분은 '좋은 맛'으로 느끼고, 해로운 물질은 '싫은 맛'으로 느끼고, 소화되지 않는 것에는 일반적으로 맛을 느끼지 않는다고 한다. 즉 미각이란 입에 들어온 자극의 분자 구조를 신속하게 분석해서 영양분인지 해로운 물질인지 분별하는 센서이다.

음식 얘기인데 갑자기 분자 구조라고 하면 당황할 수도 있겠지만 이 내용을 풀어 말하면, 음식물이 입 속에 들어오면 침 속에 그 성분이 녹아들어 특정 이온이 미세융모를 자극하고 이와 연결된 신경세포가 뇌에 정보를 전달해 맛을 느끼게 된다는 것이다. 보통 당류나 그 유도체는 단맛을 느끼게 하고, 수소 이온(H^+)은 신맛을, 칼륨이나 마그네슘 같은 금속이온은 쓴맛을, 염화나트륨과 같은 염류(Na^+)는 짠맛을 느끼게 한다고 한다.

기본맛: 맛의 기본 요소

중고등학교 생물시간에 배운 혀의 맛지도가 틀렸다고 한다.

'단맛은 혀끝, 신맛은 혀 양쪽, 쓴맛은 혀 뒤, 짠맛은 혀 가장자리에서'라고 열심히 외웠었다. 그런데 최근 과학자들이 확인한 결과, 혀지도에 과학적인 근거가 없다는 것이다. 포유류의 미각세포에 대해 연구해 미각의 메커니즘을 밝힌 미국 마운트 시나이 의과대학(Mount Sinai School of Medicine)의 로버트 마골스키(Robert F. Margolskee) 교수는 "모든 미각은 맛봉오리가 있는 혀의 모든 지점에서 감지될 수 있다"며 "혀지도는 이성적인 과학 분야에서도 고정관념을 버리기가 얼마나 어려운지 잘 보여주는 사례"라고 말했다. 새로 정리된 혀와 미각에 관한 연구에서, 혀에서 맛을 감지하는 세포들이 발견되는 것은 맞지만 이 세포들이 혀의 특정 부분에 맛별로 나뉘어 모여 있지 않고 혀 전체에 퍼져 있다고 한다. 그렇다고 혀 전체가 다 맛이 똑같이 느껴지는 것은 아니고 부위에 따라 민감도가 다른데 맛을 느끼는 '미뢰' 조직이 혀 전체에 똑같이 분포되어 있는 것이 아니라 혀끝, 혀뿌리, 옆면 뒤쪽의 가장자리 등에 집중되어 있기 때문이다. 그래서 모든 맛은 혀끝에서 가장 잘 느낀다고 한다.

감각기관에는 기본 수용체가 있다. 예를 들어 시각의 경우 색을 구별하는 데 관여하는 시세포가 세 종류로, 우리가 빛의 3원색이라고 하는 빨강(Red), 초록(Green), 파랑(Blue)이 그것이다. 그럼 미각은 기본 수용체가 몇 개이며 무엇일까? 현재까지 알려진

바로는 익숙히 알고 있는 단맛, 짠맛, 쓴맛, 신맛, 감칠맛(Umami) 이렇게 다섯 가지 맛이 기본맛으로 맛의 기본 수용체라고 한다. 그런데 최근에 기름진 고소한 맛인 '지방맛(올레오거스터스, Oleogustus)'이 여섯 번째 기본맛이라는 연구 결과가 있다. 원래 감칠맛도 꽤 최근까지 기본맛에 들어가 있지 않았다. 감칠맛은 1908년 도쿄제국대학 교수인 이케다 키쿠나에(池田 菊苗)가 글루타메이트 성분이 다시마로 만든 국물을 맛있게 한다는 사실을 발견, 이 글루타민산의 맛이 단맛, 신맛, 쓴맛, 짠맛과 구별되는 새로운 맛이라고 생각해, 당시 네 개의 기본맛에 추가되어야 할 기본맛이라고 주장했다. 그리고 영어에 이에 해당하는 적당한 말이 없어 일본어의 '맛있다(うまい, umami)'와 '~맛(み, 味)'이라는 단어를 합성, 명칭을 일본어 명칭 그대로 영어로 표기하였다. 우리는 '우마미'를 우리말로 우마미보다 더 찰떡같이 딱 맞는 '감칠맛'이라는 말로 대체하여 쓰고 있다. 우마미를 기본맛으로 보는 시각은 회의적이었으나 2000년에 혀의 맛수용 감각세포에서 글루탐산 수용체가 발견되면서 기본맛으로 입지를 다졌다. 그러므로 과학기술이 발전함에 따라 아직 발견하지 못한 새로운 기본맛은 얼마든지 등장할 수 있다고 생각한다. '지방맛'도 최근 기본맛으로서의 과학적인 근거가 꽤 나오고 있다. 그 외에 또 유력한 기본맛 후보로는 '칼슘맛'이 있다. 이름만 들으면 얼핏 하얀 석회질의 분필 맛

이 떠오르겠지만 전혀 상관이 없다. '칼슘 같은(calciumy)' 느낌과 함께 쓴맛과 신맛도 약간 나는 게 칼슘맛인데 주로 케일이나 시금치같이 칼슘이 많이 함유된 채소의 잎을 먹을 때 느껴지는 짠 듯 쓴 듯한 맛이며 2008년에 생쥐에서 칼슘맛 수용체를 찾았다고 한다. 하지만 기본맛으로 인정받는 건 상당히 어렵고 학자에 따라서는 아직까지 감칠맛을 기본맛으로 인정하지 않는 경우도 있다.

그리고 우리에게 익숙한 매운맛이나 떫은맛은 기본맛이 아니다. 이것들은 맛이 아니라 통증과 촉감이라고 할 수 있다. 매운맛은 캡사이신에 의해 혀의 통증과 열감을 준다. 입에 넣자마자 바로 느껴지고 물로 헹구어도 맛이 잘 없어지지 않는 것은 미각이 아니라 통증이기 때문이다. 떫은맛은 차나 덜 익은 과일의 화학 성분이 점막이 오그라드는 듯한 느낌을 일으키며 타액의 막을 파괴해 입 안이 메마르고 갈라진 느낌을 주는 피부감각의 '압각'일 뿐이다. 기본맛은 그 맛만을 담당하는 수용체가 실제로 혀에 존재해 맛세포를 자극해야 한다. 우리가 느끼는 많은 맛들은 사실 혀의 맛세포를 자극하는 것이 아니라 향기 등 다른 방법으로 맛을 느끼는 것이다.

최근 판다가 큰 인기이다. 필자도 판다 영상을 자주 시청하는

데, 판다는 먹는 게 일상의 반이라서 아무래도 대나무 먹방을 주로 보게 된다. 사육사가 계절에 따라 다양한 대나무를 주는데 판다가 냄새를 맡아가며 골라낸다. 어떤 것은 와그작와그작 침을 튀겨가며 먹고 어떤 것은 옆으로 밀어낸다. 사육사 설명이 단맛이 더 많이 나는 대나무를 선호하고 편식도 한다고 한다. 약 800만 년 전의 판다는 다른 곰과 동물과 마찬가지로 사냥하고 육식을 했다고 한다. 그런데 기후변화로 육식으로는 생존하기 힘들어 잡식성을 거쳐 200만 년 전부터는 서식지 주변에 많은 대나무만 주식으로 먹게 되었다고 한다. 섬유질을 소화하지 못하는 소화기관과 육식동물의 이빨 구조가 판다의 육식했던 과거를 말해준다고 한다. 그런데 지금처럼 대나무만 먹게 되면서 육식동물들이 고기의 맛을 느끼는 감칠맛 센서인 '아미노산 수용체'가 퇴화되었다고 한다. 판다는 육식을 하면 소량으로도 충족될 생존에 필요한 열량과 단백질을 대나무로 섭취해야 해서 하루 중 약 12시간을 먹어야 한다. 생존을 위해 육식에서 초식으로 먹이와 미각까지 바꾼 판다이기에, 하루에 약 12~38킬로그램이라는 많은 양의 대나무를 먹으면서도 섬세히 대나무의 냄새를 맡아가며 선별해 먹는 '대나무에 진심'이었던 판다의 진지함이 이해가 갔다.
판다의 경우를 보면 결국 '주식—먹는 것'은 개체의 생존은 물론 그 종의 유지에 결정적 역할을 한다. 그리고 '먹어야 할 것'과 '먹지 말아야 할 것'을 가려내는 미각기능은 그 개체의 생존을 위해 끊임없이 변화하면서 최적화를 해야 하는 기본적 본능이라는 생각이 들었다. 그렇다면 사람이 느낀다는 기본맛들은 인류의 생존과 어떤 관계가 있을까? 그리고 수많은 조미료와 향신료를 사용하여 다양한 맛을 즐기는 우리 인간이 다섯 가지 기본맛 중 가장 좋아하는 맛은 무엇일까?

진화의 측면에서 보면 인류는 생존을 위해 꼭 필요한 단맛, 짠맛 그리고 위험에서 보호하기 위해 쓴맛, 신맛을 구분할 필요가 있었다. 그리고 우리도 판다와 같이 가장 좋아하는 맛은 단맛이다. 왜 사람들이 단맛을 좋아할까? 단 음식은 탄수화물로 섭취하며, 우리 몸에서 포도당으로 분해된다. 포도당은 우리 몸의 모든 세포를 움직이게 하는 원동력, 즉 우리 몸이 필요로 하는 에너지원이기 때문이다. 다른 모든 맛 성분은 1% 이하만 넣어도 너무 짜거나 시다고 맛을 강하게 느끼는데 단맛은 10% 이상이 되어야 비로소 달다고 느껴 많이 먹을 수 있다. 꿀, 과일, 달콤한 디저트 등 단맛이 강한 음식은 고열량의 탄수화물을 빠르고 쉽게 섭취할 수 있기에 우리에게 본능적으로 더욱 행복감과 포만감을 주는 것 같다.

다음으로 짠맛은 나트륨 이온과 관계가 있다. 나트륨은 우리 몸의 여러 시스템의 기능을 지키고 유지하며 신경세포를 유지하는 데 꼭 필요한 주요 무기질이다. 나트륨이 부족하면 뇌의 명령을 전달하는 전기신호 기능에 이상이 생긴다. 그리고 사람의 신체는 항상 일정한 비율의 염분이 유지되어야 하는데 이 균형이 깨지면 영양을 체내에 받아들일 수 없게 되어 순환부전, 혈압저하, 탈수증상, 쇼크증상, 붓기 등으로 이어질 수 있다.

감칠맛은 판다 얘기에서도 나왔듯이 단백질 섭취와 중요한 관계가 있다. 글루타민은 우리 몸에 가장 많이 들어 있는 생체에서 합성 가능한 비필수 아미노산의 일종으로 우리의 근육과 내장, 신체의 산소와 호르몬은 단백질 소화에 의한 아미노산으로 만들어진다. 단백질 자체에는 맛이 없지만 단백질을 포함한 식품에는 유리 글루탐산을 비롯한 다양한 아미노산이 풍부하게 포함되어 있다. 따라서 감칠맛은 단백질의 신호라고 할 수 있다.

쓴맛과 신맛은 몸에 위험한 독성과 부패한 음식일 수 있으니 주의하라는 경고이다. 신맛의 경우 부패와 식물의 독에 대한 주의를 준다. 덜 익은 과일은 독성을 갖고 있다. 그래서 풋과일을 먹으면 배탈이 날 수 있다. 이는 과일의 번식 본능에 의해 다 숙성되어 씨가 번식할 수 있게 성숙할 때까지 무사히 성장하려고 하는 방어기제이다. 대개의 과일은 덜 숙성되었을 때는 신맛이 강하다. 더불어 풋과일의 떫은맛도 같은 역할을 한다. 그리고 음식이 상하면 소위 '쉰내'라고 하는 시큼한 맛과 향이 난다. 쓴맛 역시 부패와 독성을 가지고 있는 경우가 많으니 먹으면 위험하다는 경고의 신호이다. 식품이 공장에서 제조되고 우리의 본능보다 제조일자나 성분표에 의존하고 있는 요즘에는 이러한 방법이 별로 필요없을지 몰라도 야생에서 생존해온 인류에 있어서 이러한 맛의 기능은 현재까지 인류를 존재하게 한 꽤 유용한 능력이었을 것이다.

지금은 커피 없는 하루를 상상할 수 없지만, 처음 블랙커피를 먹었을 때 한입 먹어보고 이 한약같이 쓴 걸 왜 먹나 한 적이 있다. 어린아이들은 약간만 쓰거나 야채도 맛이 강하면 쓰다고 무조건 뱉어버린다. 익숙하지 않거나 독성이 있는 음식을 피하려는 우리 몸의 기본 방어본능이다. 그래서 달콤짭짤한 맛만 좋아하고 다양한 맛을 못 즐기는 사람을 '어린아이 입맛'이라고 하기도 한다. '좋은 약은 입에 쓰다'라는 말이 있다. 중국에서 유래한 말로 '충성스러운 말은 귀에 거슬리나 행동에는 이롭다'라는 뜻을 쓴 약에 빗대어 표현한 말로 'A good medicine tastes bitter'라고 하여 영미권에서도 널리 퍼져 있는 속담이라고 한다. 쓴맛에 대한 생각은 동서고금을 초월하여 공감을 갖는 점이 있어서라고 생각한다.

그러고 보니 어릴 때는 써서 못 먹던 쓴 나물, 커피 등을 성인이 되어 즐길 수 있게 된 경우도 있는데, 이는 나이가 들어가며 점차로 그 맛을 학습해왔기에 가능한 일이다. 그리고 무엇보다 우리 조상들이 오랜 시행착오를 거쳐 안전하고 또 이로운 점이 있는 쓴맛과 신맛을 구분해내고 식품을 찾아낸 덕분일 것이다.

달고나, 민트초코, 마라탕 등 트렌드의 변화가 빠른 요즘, 새로운 맛들이 끊임없이 만들어진다. 사실 이 맛은 기본 RGB(빨강, 초록, 파랑)의 세 가지 빛 조합이 총천연색의 디스플레이를 만들 듯 기본 다섯 가지 맛에 향기 입자가 결합해 바닐라맛, 커피맛, 달고나맛, 김치맛 등 다양한 맛을 만들어내는 것이다. 앞에 열거한 맛들을 봐도 알겠지만 기본 다섯 가지 맛 외에 우리가 아는 다양한 맛에는 사실 미각보다 오히려 향기가 훨씬 중요한 역할을 한다.

어떤 사람들은 소믈리에나 음식평론가들의 맛 표현에 쓰인 과장된 수사어구에 위화감과 불편함을 느낀다고 한다. 그런데 사실 미각으로만 맛을 표현하려면 실력 있는 문학가라 하더라도 10% 밖에 표현하지 못하고 한계에 부딪힌다고 한다. 그래서 맛의 풍부한 다양성을 분류하고 기억하기 위해 소믈리에는 다른 감각기관의 표현을 빌려 표현한다고 한다. 미묘하게 다른 와인의 풍미를 "시고 좀 달고" "끝 맛이 좀 쓰고" 이런 식으로 맛으로만 표현하면 30병째까지 못 가서 다 똑같은 표현이 되고 말 것이다. 이것을 라이트 바디, 미디엄 바디, 풀바디처럼 무게감(촉감)이나 진하고 연한 농도(시각), 너티(열매향), 플로랄, 스파이시(향신료향), 우디(오크

향) 등의 후각, 생동감, 억세다, 날카로움, 부드러움, 플랫, 거친 등을 사용하여 '강한 소나기가 내리고 난 들판을 걸을 때 나는 들풀의 싱그러움과 습한 느낌이 같이 나는 냄새가 느껴지는 맛'(와인도 잘 모르고 문학가도 아닌 내가 급조한 맛의 표현이다)과 같은 표현을 쓰면 더 섬세하고 다양하게 맛의 분류를 할 수 있을 것이다. 아무래도 이런 표현에는 개인차가 있어 아무 수식어를 쓰면 소통이 안 되니 소믈리에는 와인을 수식하는 맛과 향을 공통된 기준으로 나눈 'Wine Flavor Wheel'과 같은 분류표를 사용한다.

사실 두뇌의 대부분은 시각과 후각에 관련이 있고 미각에 할당된 비율(2%)은 작다. 시각은 정보를 섬세하고 정확하게 구분할 수 있으며, 후각은 지각할 수 있는 향이 많다. 정교하고 다양한 관용적 표현이 미각에 비해 압도적으로 많다. 그러므로 맛을 표현할 때 다른 감각을 사용하여 표현, 분류하는 것은 지극히 자연스럽고 현명한 방법이라고 할 수 있겠다.

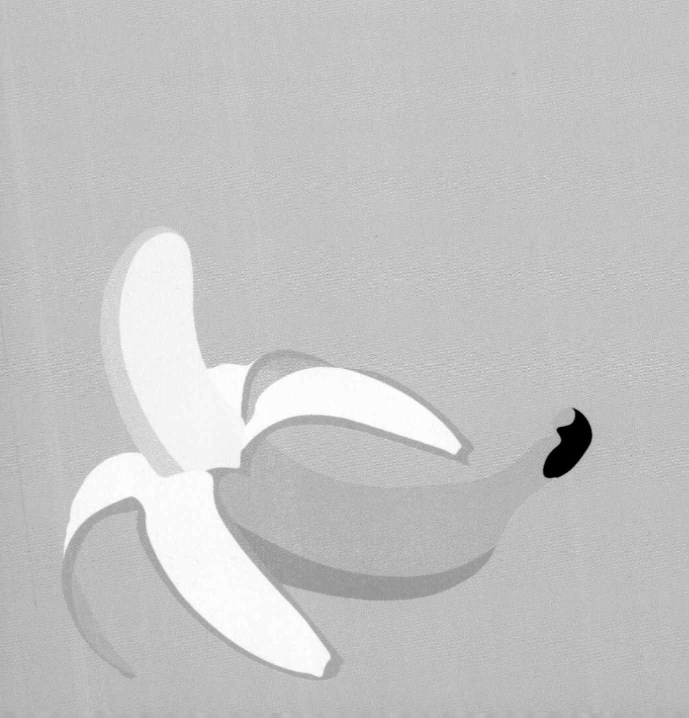

PART 2

색에 관한 이야기

오랜만에 귀국한 친구와 서울 나들이 중 잠깐 카페에서 쉬는데 어느덧 친해진 일곱 살 딸아이와 캐나다에서 태어나 자란 여덟 살 친구 딸이 옆에서 신나게 종알거리고 있었다. “언니 난 이번엔 오렌지맛 먹을래. 언니 포도맛 맛있어?” “응 포도맛 맛있었어. 난 이번엔 사과맛 먹을 거야.” 카페에 들어오기 전 편의점에서 산 알록달록한 별사탕을 조그만 손으로 골라 먹으며 둘이 사뭇 진지하면서도 재미있어 하는 표정이다. “나도 줄래?” 하니까 딸이 “엄마, 무슨 맛 줄까? 엄만 사과맛이랑 딸기맛 줄게” 하며 하얀색과 분홍색 별사탕을 내밀었다. 그런데 응??? 내심 상큼하고 향기로운 사과향을 기대했는데 그냥 설탕맛이었다. 이번엔 분홍색을 먹어봤다. 역시 살짝 레몬향이 나는 것 같기도 한 바로 전 하얀색 별사탕과 똑같은 맛, 그냥 달콤한 설탕맛만 느껴졌다. 사과맛과 딸기맛은 착한 사람한테만 나는 맛일까?

나는 포장지에 쓰여 있는 성분표를 보았다. 백설탕 99.88%, 인공 레몬향, 착색료(식용색소 적색 제3호, 황색 제4호, 황색 제5호, 청색 제1호). 다양한 맛이면 여기에 쓰여 있는 다양한 색소처럼 사과향, 포도향이라고 쓰여 있어야 하는데 향은 아주 적은 양이 첨가된 인공 레몬향뿐이었다. 즉 알록달록 별사탕은 맛이 다 같고 색만 달랐다.

“정말 맛이 다 달라?” 나는 다시 물었고 아이들은 둘 다 당연하

▲ 분홍색은 딸기맛, 노란색은 레몬맛, 주황색은 오렌지맛, 보라색은 포도맛, 흰색은 사과맛. 맛이 모두 같고 알록달록 색만 다른 별사탕이지만, 색에 대한 이미지가 맛을 느끼는 데 혼동을 주는 걸까? 저마다 다른 맛을 느끼게도 한다.

다는 듯이 "네!"라고 대답하며 분홍색은 딸기맛, 노란색은 레몬맛, 주황색은 오렌지맛, 보라색은 포도맛, 흰색은 사과맛이라고 했다.

왜 아이들은 같은 맛의 아니 그냥 설탕맛만 나는 별사탕에서 다양한 과일의 맛을 느꼈을까? 어쩌면 이것은 색이 가진 마법 같은 효과라고 생각할 수 있을 것이다. 하지만 달리 얘기하면 우리의 미각은 사실 그렇게 정확하지 않고 눈으로 본 것에, 즉 시각 정보, 특히 색에 잘 속는다는 것을 알 수 있다. 이 글을 읽고 '음식을 먹는다는 것은 생명을 유지하기 위한 인간의 기본 욕구인데 이런 중요한 일을 수행하는 데 색에 그렇게 간단히 속는다고?'라는 생각에 본인은 절대로 속지 않을 거라고 생각한 사람도 있을 것이다. 그렇다면 과일맛이 난다는 색색가지 링으로 된 시리얼을 사서 하나하나 색깔별로 먹어보고 무슨 맛인지 구별해보는 것을 추천한다. 빨간색은 무슨 맛인가? 노란색은?

우리는 왜 색에 속을까? 일단 색은 어떻게 보이고 우리는 색을 어떻게 지각하고 느끼는지 그리고 색이 우리의 인지, 감정, 판단 등에 어떠한 영향을 주는지를 알아볼 필요가 있겠다.

+ 색이 보이는 원리

촛불이나 텔레비전과 같이 그 자체가 빛을 내는 물질을 제외하고 일반적인 물체색의 경우 캄캄한 곳에서는 아무것도 보이지 않는다. 즉 무언가를 보려면 빛이 필요하다. 그리고 색은 곧 빛이다. 왜냐하면 우리가 색을 본다는 것은 어떤 광원(태양, 조명 등의 빛)이 물체를 비추면, 물체의 표면이 그 빛의 일부를 흡수하고 나머지를 반사하기에 가능한 현상이다. 이 반사된 빛이 우리 눈에 들어와서 시지각 세포를 자극하고 그 정보가 뇌에 전달, 뇌에서 다양한 기존 정보(학습, 경험 등)를 바탕으로 방금 본 시지각에 대한 결과를 내면 그제야 우리는 '사물(색)을 보았다'고 인지한다. 이 조건에서 광원(조명), 시각기관(눈), 그리고 시각정보를 처리할 수 있는 정보처리기관(뇌)은 우리가 물건이나 색을 보기 위해 꼭 필요한 조건이다. 이 조건이 달라지면 색이 다르게 보이기 때문에 광원은 인간이 볼 수 있는 색의 범위인 가시광선이라고 하는 빛(380~780nm[4])의 영역을 포함하는 범위여야 제대로 색을 볼 수 있다. 조명이 달라지면 색이 다르게 보이기 때문에 우리는 조명을 조절하여 더 맛있게 보이게 하거나 식사를 더 편안하고 즐겁게 할 수 있는 분위기를 연출할 수 있다.

눈을 통해 망막에 들어온 빛은 원추세포와 간상세포를 통해 색과 밝기에 대한 정보를 감지, 시신경에 전달한다. 이때 간상세포는 명암을 파악하고, 원추세포는 빨강(장파장), 초록(중파장), 파랑(단파장) 각각에 반응하며 세포의 분해와 합성 작용으로 색을 파악하고, 차이를 감지하는 역할을 한다. 또 광원의 밝기에 따라 활동하는 시세포가 달라(어두운 조건: 간상세포, 밝은 조건: 원추세포, 어둑어둑한 조건: 두 시세포 모두) 색이 다르게 보이는데 어두워지면 하늘색 등 푸른색 계열의 색이 붉은색에 비해 더 감도가 좋아지는 현상을 푸르키네 현상이라고 한다.

앞서 광원과 물체의 색에 관하여 이야기했는데 그 관계를 구체적으로 살펴보면, 식물들은 생존을 위해 광합성이 필수적이다. 그래서 광합성에 필요한 이 성분을 식물체에서 햇빛을 잘 받을 수 있는 부위인 잎에 주로 갖고 있는데 이것이 엽록체(葉綠體,

4) nm(나노미터): 빛을 표현하는 파장의 단위. 10억 분의 1미터.

▲ RGB의 세 가지 빛으로 디스플레이가 다양한 색을 연출하는 것처럼 우리 눈은 빨강(장파장), 초록(중파장), 파랑(단파장)에 대응하는 세 가지 원추세포로 모든 색을 볼 수 있다.

chloroplast)이다. 한자도 그 자체가 초록색을 뜻하는 '綠'이 들어가 있고 영어로도 그리스어로 녹색을 뜻하는 *χλωρός*(Chloros)로 '초록 알갱이'라는 의미에서 유래되었으니 이름만으로도 초록초록하다. 그러니 식물의 모든 잎, 특히 녹색으로 보이는 부분은 거의 엽록체가 존재한다고 할 수 있다. 엽록체의 엽록소가 녹색빛을 반사하거나 투과시키는 성질을 갖고 있기 때문이다. 즉 나뭇잎의 엽록체로 인해 잎이 초록색으로 보이는데, 우리 눈에 초록색 잎으로 보인다는 것은 가시광선에서 초록색 외의 빛(가시광선에서 초록색 빛을 뺀 나머지 빛을 합치면 붉은 보랏빛이 된다)은 다 흡수했다는 뜻이다. 결국 초록색 잎의 생육에는 초록색 빛은 필요 없다는 의미이다. 그래서 요즘 마트나 샐러드 전문점의 샐러드용 채소의 대부분을 차지하는 스마트 팜[5] 작물의 경우 푸른색 잎채소를 주로 생산하므로 붉은 보랏빛 조명에서 키워진 경우가 많다.

5) **스마트팜:** 지능형 농장. 정보통신기술(ICT)을 활용해 '시간과 공간의 제약 없이' 자동으로 작물의 생육환경을 관측하고 최적의 상태로 관리하는 과학 기반의 농업방식. 조명, 온도, 가습 등 최적화된 생육환경을 제공해 수확 시기와 수확량 예측뿐만 아니라 품질과 생산량을 한층 더 높일 수 있다.

+ 색소의 역사 : 색으로 물들이다

음식의 색은 식재료가 가진 본래 색부터 인공적으로 연출한 색까지 다양하다. 색은 식욕을 증진시키거나, 식생활에 즐거움을 주고 식경험을 풍부하게 하는 등의 효과가 있다. 그러나 자연 상태의 색은 장기간 유지하기가 매우 어렵기 때문에 가공 단계에서 인위적으로 색조를 조정하기 위해 착색료가 사용되어왔다. 특히 음식의 색은 우리가 그 색을 직접 먹는다는 특징에서 단순히 개체에 색을 입히는 것을 넘어 색이 가진 의미나 계절감, 영양소까지 반영하였는데 예를 들어 동지의 팥죽이나 돌상의 경단과 백설기, 단오의 쑥/수리취떡 등이 그렇다고 할 수 있다. 그 음식을 섭취함으로써 그 색이 가진 힘과 그 재료가 가진 영양소 및 약효 둘 다를 취한다는 의미가 있다. 아마도 샤머니즘적 의미와 의술 행위 등 다양한 목적에서 가장 상징적이고 직접적으로 실행할 수 있는 '색을 먹는 행위'는 인류 역사의 초창기부터 이루어졌을 것이라 추측된다. 식용에 대한 기록은 아니지만 기원전 2500년경 고대 이집트에서 미라의 의복에 홍화(紅花) 추출물인 붉은 색소 카르타민(carthamin)이 사용된 기록이 남아 있다. 이집트가 원산지인 홍화는 우리말로 '잇꽃'이라 불리는데 인류가 재배한 가장 오래된 작물 중 하나로 우리나라를 포함해 세계적으로도 많은 지역에서 오래전부터 재배해온 작물이다. 카르타민은 그 어원 자체가 아랍어의 '염색하다'라는 의미에서 유래되었을 만큼 오래전부터 염료뿐만 아니라 의약용, 식용착색료로도 널리 사용되어온 원료이다. 따라서 당시 홍화를 식용색소로도 사용했을 가능성은 충분히 있다고 생각한다.

그 외에 세계 각국의 다양한 고대 문화에서 사프란(Saffron), 아나토(Annatto), 코티닐(cochineal, 연지벌레에서 추출), 쑥, 계피 등의 천연염료가 제례(祭禮)나 길상(吉祥, '아름답고 착한징조'라는 뜻으로 운수가 좋을 징조라 하여 행운과 복을 비는 의미), 제액(除厄, 액막이. 질병/고난 등의 불행을 미리 막기 위하여 행하는 의식)의 의미로 또 식품의 외형을 아름답게 하기 위해서나 방부(防腐), 방충(防蟲), 보존, 의약품 등의 목적으로 다양한 천연색소를 사용해왔다. 하지만 식량이 충분하지 않은 시대에 음식에 착색을 하는 여유는 일반 시민들에게는 어렵고 귀족이나 소수의 특권층만 누릴 수 있는 호사였다. 그러나 이러한 상황은 근대 초기의 도시화, 산업화와 함께 바뀌게 되었다. 신대륙과의 무역으로 특히 새롭고 진귀한 향신료와 색소의 수입이 이루어졌으며, 인공 착색료도 생산되기 시작하여 식생활은 물론 음식의 색에 있어서도 큰 변화를 가져왔다. 인공색소의 발견은 섬유산업, 제조산업, 인쇄산업, 식품산업뿐만 아니라 우리 생활에 색이 마케팅이나 디자인의 요소로 큰 역할을 하게 되는 변화까지 불러일으키게 된다.

인공색소의 개발

대부분의 천연색소는 가격도 비싸고 빛에 약하여 탈색과 변색이 잘됐다. 또 적은 양을 추출하기에는 너무 많은 재료와 시간, 그리고 노동력이 들었다. 19세기에 들어서 독일을 비롯해 구미 국가에서 화학산업이 발달하는 가운데 석탄을 가공해 만든 코크스가 산업용으로 중요하게 활용되고 있었다. 이 코크스의 부산물로 콜타르라는 끈적한 검은색의 액체가 생기는데 런던 왕립과학대학의 독일인 화학자 아우구스트 빌헬름 폰 호프만(August Wilhelm von Hofmann)은 콜타르로부터 얻은 물질의 조성이 당시 해열 진통 및 말라리아 치료제로 쓰이던 키니네(퀴닌, Quinine)와 매우 비슷해 보인다는 것에서 착안해, 콜타르를 사용하여 말라리아 치료제를 만드는 인공 키니네의 합성을 연구하고 있었다. 당시 영국의 군인들은 새로운 열대지역의 식민지를 정복하며 말라리아로 고생하고 있었고 유일한 치료제는 안데스 산맥의 열대 숲에서만 자생하는 키나나무 껍질에서 추출한 퀴닌(Quinine)이었다. 하지만 퀴닌은 제조와 수급이 어려워 가격이 너무 비쌌기 때문에 인공적인 제조가 시급하였다.

1856년 영국 왕립화학대학 학생이던 17세의 퍼킨은 그의 교수인 빌헬름 폰 호프만의 지시로 말라리아 치료제를 개발하고 있었다. 콜타르에서 나오는 아닐린(aniline)으로 이런저런 시도를 하던 중에 검은 침전물을 얻었다. 실패한 실험 결과물인 검은 침전물을 알코올로 닦아내다 시험관 안의 물질이 희한하게도 밝은 보랏빛 광채를 내는 액체로 변하는 것을 알아차렸다. 게다가 이 보라색 용액이 묻은 작업복은 아무리 비누칠을 해서 빨아도 지워지지 않았고, 햇볕에 말려도 탈색되지 않았다. 이것이 화학합성에 의해 생성된 최초의 인공염료가 탄생한 일화이다. 이 발견은 염료의 역사, 아니 산업의 판도를 크게 바꾸었다. 퍼킨은 이 염료의 이름을 '아닐린 퍼플(aniline purple)'로 정했다가 곧 '모브(mauve)'로 바꿨다. 모브는 밝은 보라색으로, 영어의 mallow라는 당아욱과의 꽃 색과 비슷하여 mallow의 프랑스어인 'mauve'를 색이름으로 명명하였다. 퍼킨은 1856년 8월 특허를 취득한 후 런던 교외에 최초의 화학염료 공장을 세웠다. 모브의 합성은 오늘날 염료공업의 출발점이 되었다는 점에서 의의가 크다.

고대 페니키아 시대, 이르면 기원전 1570년경부터 보라색은 귀한 염료로서 왕족만 쓸 수 있었다. 이 보라색 염료는 티리언 퍼플(Tyrian Purple)이라고 하여, Murex라는 뿔소라로 만들어졌는데 수만 마리의 뿔소라와 막대한 노동력으로 가운(gown) 하나도 염색할 만한 염료를 얻지 못하는 아주 효율이 나쁜 염료여서 귀할 수밖에 없었다. 따라서 황제만이 쓸 수 있는 색이 되었다. 그래서 '보라색 가운을 걸친다'라는 관용어구는 '황제가 되다'를 의미하는 뜻으로 쓰이며 여전히 그 상징성은 건재하여, 얼마 전 영국 찰스 왕 대관식에서도 보라색 가운을 걸친 찰스 왕의 모습을 볼 수 있었다. 그런데 하필 최초의 합성염료의 색이 이렇게 선명하고 아름다운 보라색이었다니! 합성염료의 발견은 이제까지 특정 소수만 즐기던 '귀한 색'을 누구나 손쉽게 사용할 수 있게 한 혁명 같은 일이었다.

색을 사용할 수 있다는 것은 권력이며 힘이 있다는 것이었는데 색(힘, power)을 누구나 다 같이 쓸 수 있다는 것은 사회 권력 체계의 변화라는 측면에서도 커다란 의미가 있는 사건이었다. 퍼킨은 그 후에도 꼭두서니과의 식물 뿌리에서만 채취하던 빨간색 염료 알리자린의 실용화에도 성공해, 1871년에는 이미 연 생산 200톤에 이를 정도로 사업 규모가 커졌다. 퍼킨의 지도교수 호프만도 1858년 아닐린 계열의 매력적인 핑크빛의 붉은 염료인 마

젠타 또는 푹신(fuschine)을 발견했으나, 같은 해 프랑스에서 프랑수아 에마뉘엘 벨르갱(François-Emmanuel Verguin)도 독자적으로 같은 물질을 발견해, 1859년 특허를 냈다. 염료의 발견 당시는 염료색과 비슷한 꽃의 이름 'fuchsia'를 참조해 푸크시아/푹신(fuschine)이라고 했으나 마젠타(Magenta)라는 이탈리아의 마을에서 오스트리아를 물리친 프랑스의 승리를 기념하기 위해 '마젠타(자홍색)'로 명명하였다. 그리고 호프만은 Hofmann Violet이라는 다양한 보라색 염료를 발견했고 1863년에 특허를 냈다.

지금까지 사용되고 있던 식물 유래의 천연착색료는 합성 재료에 비해 비싸고, 또한 퇴색이 잘돼 색을 장기간 유지하는 것이 곤란했고 조건에 따라 염색 결과가 달라지기 쉬워 안정적으로 색의 품질을 관리하기 어렵고 생산하는 계절이나 기후 등의 영향도 컸다. 하지만 합성착색료는 이 모든 면에서 우월했으며 다른 색의 합성 착색료와 서로 혼합함으로써 무한하게 다양한 색을 만들어낼 수 있었다. 이전과는 비교도 할 수 없이 빠른 속도로 새로운 색들이 출현했으며 이에 비약적으로 늘어난 색이름들, 그리고 이

◀ 인공색소의 발견은 섬유, 제조, 인쇄, 식품 산업뿐만 아니라 우리 생활에 색이 마케팅이나 디자인 요소로 큰 역할을 하게 되는 변화까지 불러일으켰다.

로 인한 염료, 섬유산업계의 번창은 우리 생활에 많은 변화를 가져왔다.

더불어 합성염료산업의 발전은 현대 화학을 비약적으로 발달시켜, 염료와 마찬가지로 천연자원을 원료로 사용했던 의약품 업계도 염료 합성에서 얻은 화학적 지식을 이용해 아스피린과 같은 값싼 합성의약품 대량생산 시대 초래하는 등 다양한 산업에 영향을 주었다. 그리고 이러한 거대한 화학복합 기업들이 염료 시장과 유기화학 분야를 지배하며 여기서 얻은 자본과 화학적 지식으로 다양한 염료 및 기타 약품, 소재 등 새로운 산업에 대량 투자했고, 이러한 투자 덕에 플라스틱, 나일론 같은 신소재 시대로 발전할 수 있었다.

+ 안전한 색사용 : 규제와 표준 이야기

합성착색료가 널리 그리고 많이 사용되게 된 것은 1870년대 이후이다. 이 시기에 미국은 물론 유럽의 각국이 기술혁명과 공업화로 산업 구조가 바뀌었기 때문이다. 특히 화학, 철강, 전기산업 등이 발전하며 식품, 패션산업 등 생활에 밀접한 소비재의 대량생산 시대에 진입하였기 때문이다. 이러한 다량의 제품이 나오는 시대에서 잘 팔리기 위해 각 기업은 상품전략과 제품관리의 필요성을 인식하기 시작했다. 당시 대량생산과 공장형 생산의 상징이기도 한 포드 사의 컨베이어벨트 시스템은 산업에 혁명을 불러일으켰으며 대량생산을 위한 효율적인 표준을 만들었다. 컨베이어벨트 시스템은 단순히 작업대를 움직이게 했다는 의미가 아니라 제품의 제조나 부품의 상호교환성을 바탕으로 제조나 부품의 규격화, 표준화가 이루어졌다는 데 큰 의미가 있다. 이러한 변화는 당연히 식품업계에서도 일어났으며 제품의 일관된 품질 유지나 관리를 위해 색의 표준화, 규격화, 측정기술 개발, 특징별로 분류, 이름 지어 분류하는 등의 작업이 필요하게 되었다. 영국의 맥주 양조업자 조셉 W. 로비본드가 맥주의 색을 측정하기 위해 개발한 비색계(比色械), 합성염료산업의 발달로 비약적으로 늘어난 색을 포함해 당시 영어의 색 표현과 색이름을 정리한 1930년 아로이스 존 메르트와 마샬 레아 폴이 발표한 『색채사전』, 1920년 MIT의 물리학자 아서 C. 하디가 발명한 빛의 반사에 의한 색을 측정하는 분광광도계를 발전시켜 1935년 GE에서 내놓은 색의 과학적인 측정이 가능한 측정기, 그리고 1905년 먼셀(Albert H. Munsell)이 고안하고 1930년대에 미국 농무부(USDA)가 토양 연구를 위한 공식 컬러 시스템으로 채택한 먼셀 컬러 시스템(Munsell Color System) 등이 이러한 작업의 결과이다. 특히 먼셀 컬러 시스템은 색을 색이름이나 명칭이 아닌 명도, 채도, 색상이라는 세 가지 속성으로 나눠, 시감각적으로 등간격이 되도록 설계한 컬러시스템으로 각 속성의 정도를 직감적이고 정확하게 수치로 표현할 수 있다.

특히 대량생산과 제품의 다양화가 되면 제품의 기준이 되는 색에 대한 합의와 정의가 전제조건으로 이루어져야 한다. 예를 들어 핑크색 사탕을 생산한다면, 일단 어떤 핑크색으로 할지 그리고 그 색값은 어떻게 기록하고 관리하여 내일 만들어도 5,000

개째를 만들어도 처음 만들었던 원래의 그 핑크색 사탕과 똑같이 만들 수 있어야 한다.

당시의 합성착색료는 콜타르 색소(또는 타르 색소)라고 불리는 석탄 유래의 염료로, 인체에 유해한 물질이 포함되어 있는 경우도 있었다. 그 때문에 이러한 착색제를 식품에 사용하는 경우에는 섬유나 인쇄용 염료와는 달리 안전을 위해 불순물질을 제거하는 공정과 기술이 필요했다. 식품용 합성착색료가 점차 확산됨에 따라 가공식품회사는 보다 저렴하고 용이하게 규격화, 표준화된 식품의 색을 재현할 수 있게 되었다. 이 시기의 식품산업은 공업화, 기계화의 진전에 의해 대량생산 체제가 급속히 진행되고, 통조림 등 새로운 가공식품의 생산이 급증했다. 계속 확대되는 가공식품 시장에서 저렴하게 대량으로 그리고 표준화된 식품을 생산하기 위해서 합성착색료는 대체 불가한 선택이었다.

식품의 대량화, 표준화는 계절이나 산지에 상관없이 색과 맛, 형태를 같은 품질로 생산하는 것을 의미한다. 식품에 있어 음식 및 제품의 색은 식품을 더 맛있고 신선해 보이게 하는, 그리고 가공식품에 있어서는 원물을 떠올리게 하는 중요한 역할을 한다. 자연물 그대로의 색이 아니라 자연스럽게 우리가 생각하는 이상적인 이미지에 가장 가까운 색을 제작, 관리하는 것이 표준화라고 할 수 있다. 광학 등의 발달로 감각을 수치화하여 지각을 관리하는 다양한 기술이 발명되고, 생산업자는 기기와 다양한 도구를 사용해 '표준색'을 설정하여 상품을 관리할 필요가 있었다.

객관적으로 감각을 측정하고 분석한다는 자세는 색채뿐만 아니라 다양한 분야에도 영향을 주었다. 식품산업에서도 음식물을 과학적으로 다루기 시작하여, 영양소를 다루는 영양학, 구성 성분을 분석하고 분리 및 재합성하는 식품공학 등이 발달하기 시작했으며 이것은 가공식품산업의 활성화를 불러일으켰다. 당시에는 영양 성분과 신대륙에서 들어온 새로운 향료를 섞거나 하여 이전에 없던 새로운 식품이나 약을 만들어내는 것이 성행하였는데, 특히 의약품의 경우 일단 한 번 성공하면 특허도 내고 엄청난 돈을 벌어들일 수 있었다. 1884년 미국 동부의 애틀랜타에 살던 존 펨버턴이라는 약제사가 코카 나뭇잎, 콜라 열매 등으로 만든 시럽과 탄산수를 섞은 두뇌강장제를 만들었는데 이것이 바로 지금도 전 세계인이 마시는 달콤하고 향긋한 향과 톡 쏘는 탄산이 매력적인 콜라이다. 이 제품에 '코카콜라'로 이름을 붙여 정식으로 팔기 시작한 때는 1886년이다.

각종 영양 성분과 더불어 착색료나 보존료 같은 식품첨가물에 대한 활발한 연구 결과로 많은 제품들이 생산되었으며 이에 이러한 것들의 규제와 관리를 하는 기준과 제도가 생겨났다. 이 시기에 와서는 색은 음식에 종속된 것이 아닌 식품을 구성하는 하나의 독립된 요소로 여겨져, 음식이 재료의 색에 의한 한계에서 벗어나 필요에 따라 색을 더하거나 빼는 등 주체적으로 연출하게 되었다.

다양한 색을 연출하고 제품에 사용하는 데 합성착색료가 가진 범용성도 큰 장점이었다. 자연물에서 추출한 색소는 모든 식품에 사용할 수가 없고, 예를 들어 산성이 강한 식품에서는 색이 잘 안 나오는 경우가 있는데 합성착색료는 어떤 제품에도 착색 결과가 좋았다. 또 같은 착색료를 여러 식품에 다 사용할 수 있다는 장점도 있었는데 청색 1호(Brilliant Blue FCF 합성착색료)는 파란색과 초록색 둘 다를 만드는 데 사용이 가능하여 초록색 완두콩, 하늘색 아이스크림, 파란색 음료 등 다양한 식품에 두루 사용된다. 그리고 무엇보다 경제적이고 효율성이 좋다는 게 합성착색료의 큰 장점이다.

합성착색료를 가장 활발히 연구, 생산한 기업 중에는 미국으로 이주한 독일계 이민자 출신들이 많았는데 19세기 독일은 국가 차원에서 화학산업 발전을 육성, 특허제도나 연구 측면에 있어 전폭적인 지원을 하여 기술이 앞서 있었다. 제1차 세계대전 등으로 미국으로 건너간 독일계 이민자들은 고국의 기술과 네크워크, 노하우 등을 살려 사업을 시작해 케첩, 통조림, 소시지, 치즈, 캔디 등 다양한 가공식품기업을 설립하였다.

합성착색료의 사용이 일반화되고 확대되면서 피해 사례도 늘면서 합성착색료에 대한 관리와 심사의 필요성이 대두되었다. 인체에 대한 유해성 및 안전성에 대한 개념이 부족하고 물질에 대한 이해도 부족하여 당시 사용되던 합성착색료 중에는 독성이 강한 물질이나 원래 식품에 사용하면 안 되는 물질까지 사용되고 있었다. 피클을 더 초록색으로 보이기 위해 황산구리(copper sulfate), 밀가루를 하얗게 하기 위해 명반(alum; $Al_2(SO_4)_3$)과 같은 유해물질을 사용했다. 당시에는 이런 술수가 만연하여 1900년경 영국에서는 우유의 찌꺼기와 부유물을 감추고, 원유의 품질을 속이기 위해 노란 색소를 넣어 팔았는데 1925년 이것이 금지되자 이전 저급우유의 색에 익숙한 사람들이 오히려 순수한 우유가 질이 낮은 것으로 여겨 구매를 꺼렸다고 한다.

이러한 색소 오용 사건의 역사는 식품의 색소 사용에 대한 규제의 필요성과 불안감을 유발시켰다. 그래서 각 나라들은 식품의 안전성을 위해 식품첨가물에 대한 식품/의약품판매법을 제정해 유해식품첨가물에 대한 금지 및 제재를 제정하기 시작하였다. 또 첨가물 정보를 제품에 표기하는 것을 의무화했다. 영국은 1875년 식품/의약품 취급 및 판매에 관한 법을 만들어 착색료를 포함, 유해하다고 판단된 물질이 첨가된 식품 및 의약품의 사용을 금지했으며, 독일은 1887년 착색료법을 제정해 건강 피해를 야기하는 식품착색료의 사용을 금지했다. 오스트리아, 프랑스, 이탈리아, 스위스 등의 다수 국가가 이 시기에 유해색소의 사용 규제에 대한 기초를 마련했다. 미국은 1881년 미국 농무부 화학국이 식품의 색상 사용에 대한 연구를 시작하였으며, 버터와 치즈에 대해 연방정부가 인공색소 사용을 최초로 승인하였다. 1906년 연방 규제로 '순정식품약품법'이 만들어져 당시 가장 문제가 되었던 유해물질, 특히 과자에의 사용에 있어 착색료를 포함, 유해물질의 사용을 금지했다. 나아가 착색 자체는 금지하지 않았지만 착색료와 첨가물 등을 포장에 기입할 것을 의무화했다. 1938년부터는 안전성이 인증된 색소는 FD&C, D&C, Ext D&C라는 용어를 사용하여 엄격히 규제하기 시작했다.

우리나라 식품첨가물의 역사는 보건복지가족부에서 1962년 6월 12일에 화학적 합성품을 처음 지정하면서 본격적인 식품첨가물 관리가 시작되었으며, 1973년 11월에 '식품첨가물공전'을 최초로 작성하여 필요한 기준과 규격을 수록하고 식품의약품안전청 식품첨가물팀에서 관리하고 있다. 식품첨가물의 법적 규제는 '식품위생법'에 근거를 두고 있으며, 제1조 '식품위생법'의 목적에 맞게 제조되어야 하며 제7조에서 지정한 첨가물의 기준 및 규격에 합당한 것을 사용하여야 한다. 이들의 개별 기준·규격은 제12조에 의거하여 『식품첨가물공전』에 고시하도록 하고 있다. 따라서 사용되는 모든 식품첨가물은 『식품첨가물공전』상의 기준 및 규격과 일치하도록 제조되고 사용되어야 한다. 현재 우리나라의 식품의약품안전처장은 식품위생심의회의 의견을 들어 사람의 건강을 해칠 우려가 없는 경우에 한하여 판매의 목적으로 제조, 가공, 수입, 사용, 저장 또는 진열하여도 좋은 화학적 합성품을 첨가물로 지정하며, 이에 필요한 성분의 규격과 사용기준을 정할 수 있도록 하였다. 현재 우리나라에서 식품첨가물로 허가되어 있는 품목은 화학적 합성품이 370여 종, 천연첨가물이 50여 종이다. 음식의 색을 바꾸기 위한 합성착색료, 발색제, 표백제와 음식의 향이나 맛을 입히는 조미료, 감미료, 착향료, 산미료 그리고 음식의 보존이나 안정성을 위한 보존료, 살균제, 산화방지제, 팽창제, 강화제, 유화제, 증점제, 호료, 피막제, 거품억제제, 개량제, 이형제 등 목적에 따라 다양한 첨가물이 단독 또는 복합적으로 사용된다. 사용이 허가된 식품첨가물은 식품의약품안전처가 발행한 『식품첨가물공전』에 수록되어 있다.

식품첨가물에 관한 규정은 나라마다 달라 식품의 국제 간 무역에 문제가 생길 수도 있다. 예를 들어 적색 2호 식용색소의 경우 최초로 소련의 한 연구자가 발암성 물질로 문제성을 제기하였다. 이에 미국에서 소비자단체가 위험성을 지적하며 정부에 사용금지를 요구하였고, 결국 미국 정부가 사용을 금지하게 되었다. 하지만 우리나라 및 다수의 국가에서는 사용 가능하다. 다른 나라들의 상황을 보면 독일은 전면 사용금지, 프랑스, 이탈리아는 부분적 허용, 영국, 일본, 오스트레일리아, 캐나다는 우리나라와 같이 전면 허용하고 있다. 하지만 이 사례 하나만 보고 식품첨가물에 관한 규제가 어느 나라는 엄격하고 어느 나라는 관대하다고 단정하기 어렵다. 적색 2호가 금지된 나라에서는 대신 적색 40호를 사용하는 경우가 있는데, 적색 40호는 적색 2호 대비 가격이 비싸고 식품에 따라 발색 편차가 있으며 무엇보다 적색 40호도 역시 안전성이 완전히 보장되지 않았다는 문제가 있다. 그래서 적색 2호의 사용을 허용한 캐나다는 오히려 적색 40호에 대해서는 안전성의 문제로 금지한다. 음식에 있어 안전성은 중요하다. 그래서 식품업계에는 이러한 제재와 변화에 따라 민감하게 반응하게 된다. 국제식량농업기구(FAO)와 세계보건기구(WHO)에서는 세계 공통의 기준을 정하기 위하여 1963년부터 국제식품규격계획(Joint FAO/WHO Food Standard Program)을 추진하고 있으며 세계의 많은 나라들이 이 계획에 참가하고 있다.

하지만 이러한 식품첨가물에 대한 실험과 제재가 각각의 개별 물질이 단독으로 사용될 경우에 대해서만 안정성을 평가하고 제정하였는데, 두 가지 이상의 화학물이 만날 경우 일어날 수 있는 물질 간의 화학적 반응과 부작용에 대해서는 고려되고 있지 않은 상황이다. 두 가지 이상의 화학물에 의해 일어날 수 있는 부정적 효과를 '칵테일 효과'라고 하며 이러한 문제점에 대한 위험성을 지적하며 제재의 보완과 재고를 요구하는 의견도 많다.

1960년대 이후 소비자운동과 함께 식품첨가물 및 유해식품에 대한 관심과 활동도 늘고 있으며 아무래도 생활에 가장 밀접한 음식이라는 것과 생존과 건강한 삶에 직접적인 관련이 있어 관심도가 높아졌다. 최근에는 전문적인 정보를 쉽게 얻을 수 있으며 식품첨가물이나 제재에 대한 각종 정책이나 자료에 대한 열람도 자유롭다. 그래서 자신의 건강한 삶과 아이들의 건강을 지키려는 부모들뿐만 아니라 식품의 안정성 보장과 위반에 따른 법적인 제재 등에 관심을 갖고 SNS 등을 통하여 동참, 활동하는 사람들도 많아졌다.

멜론맛

요즘 편의점에 가면 외국산 젤리를 많이 판다. 혹시 먹으며 본인이 생각했던 맛과 색이 일치하지 않은 경우는 없었나? 분명 왜 초록색이 새콤하지? 하고 생각한 사람이 있었을 것이다. 재미있는 사실은 한국 사람은 초록색 젤리나 사탕을 보면 그 유명한 메로나 아이스크림의 영향인지 달콤한 멜론맛을 떠올리지만 서양은 새콤한 '초록사과(green apple)' 맛을 예상한다. 그리고 서양의 멜론맛 사탕은 연한 살구색인 경우가 많다. 이것은 멜론이라는 과일이 고대 페르시아와 중앙아시아가 원산지로 원래 과육이 밝은 주황색인 지금의 칸탈롭(cantaloup)과 같은 종에서 기원했기 때문이다. 서양은 오래전에 과육이 주황색인 멜론의 원종(原種)이 전해져 꽤 이른 시기부터 재배도 하며 친숙한 과일

이 되었다. 반면 우리나라에 멜론이 대중적으로 도입된 것은 과일보다 가공품으로 일본을 통해 들어오게 되었다. 초록색 멜론맛 시럽[6]의 강렬한 색과 새로운 맛은 이후 모든 멜론맛을 초록색으로 만들기 충분했다. 또 하나의 이유는 과일 멜론의 종류가 일본과 우리나라에서는 과육이 초록색인 '머스크멜론'이 주요 종이었기 때문이다. 구글에서 한글로 '멜론'과 영어로 'melon'을 각각 검색하여 그 이미지를 보면 '멜론'은 초록색 과육의 멜론이, 'melon'은 오렌지색 과육의 멜론 이미지가 주로 검색되는 것을 확인할 수 있다.

6) 1960년대 일본 식음료회사인 메이지야(明治屋)가 마이시롭프(マイシロップ)라는 이름으로 설탕물에 다양한 색소와 향을 첨가해 판매한 색색가지 시럽 제품. (마이시롭프-멜론: 멜론의 외피색인 초록색을 흉내내어 황색 4호, 청색 1호 등의 색소로 선명한 초록색으로 물들인 설탕물에 멜론향을 첨가한 제품).

+ 진짜 색이란?
: 식품의 이미지와 색

"김밥은 믿음직스럽습니다. 재료를 한눈에 볼 수 있어 예상 밖의 식감이나 맛에 놀랄 일이 없습니다. …… 엄밀히 말하면, 게살 김밥이 아닙니다. 게살 김밥은 게맛살로 만드는데 게맛살의 주원료는 명태살 연육이지 게살이 아니니까요. 제가 게맛살 김밥이라 표기하도록 건의를 해보겠습……." 2022년 히트를 친 드라마 〈이상한 변호사 우영우〉에 나오는 대사이다. 어렸을 때 '게맛살'이 게로 만든 게 아니고, 옛날 분홍 소시지는 사실 생선이라는 얘기에 적잖이 놀랐던 기억이 있다. 지금은 '게살맛' 제품에 진짜 게 성분이 들어가지만 1970년대 일본에서 해당 제품이 처음 나왔을 때는 게 성분은 전혀 들어 있지 않고 명태 종류의 흰살 생선 살과 전분 그리고 붉은 색소(모나스커스, 코치닐 등)로 만들었다고 한다. 분홍색 소시지도 사실 어육으로 만들었지만 동물성 햄의 색인 분홍색으로 착색하였던 것처럼 원물의 색과 실제품이 다른 경우가 많다. 그리고 우리가 당연히 그 음식의 원래 색이 라고 생각했던 식품도 사실은 착색의 결과였거나 조금 화장한 수준의 살짝 색을 입힌 경우가 꽤 있다는 사실에 놀랄 것이다. 자연 농산물들의 '자연스러운 색', '당연한 색', 사람들이 가장 그 색답다고(전형적인 색이라고) 생각하는 색은 실제 자연물의 색과는 다른 경우가 많다. 다만 가공품이 아닌 생선, 어패류, 고기, 야채류 같은 원물에 착색료를 사용하는 것은 금지되어 있다. 이들 신선 식품에 착색료를 사용하는 것은 품질, 신선도 등에 관하여 소비자의 판단을 어렵게 하고 나아가 속이는 행위로 간주되어 첨가물 본래의 목적에 반하기 때문이다.

식품에 있어 음식 및 제품의 색은 다음과 같은 역할을 한다. ① 식품이 더 맛있고 신선해 보이게 하여 식욕을 돋우고 제품의 가치를 높이는 역할, ② 빛, 공기, 온도 변화, 습기 및 보관 조건에 의한 색 손실을 보완하는 역할, ③ 가공식품의 경우 원물을 떠올리게 하는 역할이다.

여기서 세 번째의 경우, 원물을 떠올리게 하기 위해서 원물의 색에 가까운 색을 사용할 것 같지만 사실 원물의 색은 다른데 우리가 관념적으로 특정색으로 정해버리는 경우가 꽤 많다. 예를 들어 "바나나는 사실 하얗다"고 아무리 진실을 말해도 '노란 바나나'라는 이미지가 강하다. 그래서 진짜 우리가 먹는 부분은 흰 과육이고 노란 껍질은 못 먹는데도 불구하고 바나나 관련 식품들은 하나같이 노란색으로 물들어 있다. 멜론맛은 거의 초록색을 띠고, 버터나 치즈맛 상품은 진한 노란색, 레몬은 밝은 노란색으로 정해져 있다.

가공품은 물론 자연 식자재에서도 색은 식품의 품질을 나타내는 중요한 요소 중 하나이다. 그래서 우리는 품질을 평가할 때 식품의 색에 대한 평가 기준을 가지고 있다. 예를 들어 물기를 머금어 색이 선명하면 신선하고, 과일의 색이 빨갛게 또는 노랗게 짙어지면 잘 익어 딱 먹기 좋은 시기이고, 하얀 분(果粉, bloom)이 있으면 당도가 높다는 등의 기준으로 식품의 상태를 파악하기도 하고, 또 우리 머릿속의 '관념색 평가표'와 대조하며 판단하기도 한다. '관념색'이란 사과의 빨간색, 홍시의 다홍빛 주황색, 귤의 주황색, 시금치의 초록색 등과 같이 우리가 관념적으로 '이건 이런 색이다'라고 하는 꽤나 구체적이고 익숙한 기준색이 정해져 있는 것을 말한다. 자주 사용하고 중요하니 우리 뇌가 경험과 학습을 통한 정보를 토대로 아예 색상표를 만들어놓은 것이라고 할 수 있다. 즉 정보가 단기기억에서 장기기억으로 전환된 것으로, 색채학 분야에서는 이런 관념색을 '기억색(記憶色, memory color)'이라고 한다. 실제 지금 보고 있는 색(단기적인 자극)이 아닌 우리 머릿

속에 기억(장기기억)하고 있는 색을 말한다. 그런데 모든 정보처리 과정이 그렇듯이 색에 대한 정보도 원래의 색에서 더 강화되거나 살짝 변형되어 기억된다. 이것은 정보를 효율적으로 저장하고 또 필요할 때 빨리 꺼내 쓰기 위한 뇌의 자연스러운 활동이라고 할 수 있다. 즉 관념색이 실제 원물의 색보다 더 '선명하거나', '진하거나', '밝게' 변화되어 기억될 수 있다는 것이다. 실제로 기억색에 관한 연구를 보면 관념적으로 생각하는 색과 원래의 색이 차이가 나는 경우가 많은데, 예를 들어 가지의 색은 더 진하게, 솔잎이나 오이색은 더 초록색으로, 딸기나 단풍색은 더 선명하게 기억한다. 치과치료 중 이를 때우거나 메꿀 때 기존의 내 이에 비슷한 색으로 메꾸기 위해 대조하는 색견본을 보고 너무 누렇고 진해 놀란 적은 없었나? 아무리 음식에 의해 착색이 되어도 이는 그래도 어느 정도 하얀색이라고 생각했던 관념적인 이의 색과 실제 이의 색 사이의 간극을 객관적으로 색견본을 통해 실감하게 되었을 것이다. 이렇듯 관념색은 기억의 용이성 그리고 그 대상이 갖는 이미지에 따라 더 밝게 또는 진하게 '강화' 및 '왜곡'이 되고 또 그게 더욱 굳어져 어떤 기준과 이미지를 형성하게 된다. 가공품의 경우 원물이 아니라 이 관념색을 토대로 형태나 색이 만들어진다. 그래서 약간 강조가 된 색이 더 자연스럽고 품질이 좋다고 생각하기 쉬우며 선호하는 경향에 따라 색이 다소 진해지거나 특징을 도드라지게 한다. 앞에서 말한 식품에 있어 색의 역할 세 가지 가운데, '① 식품을 더 맛있고 신선해 보이게 하여 제품의 가치를 높이는 역할'과, '③ 가공식품의 경우 원물을 떠올리게 하는 역할'에 해당한다고 할 수 있다. 색은 이상과 현실의 틈을 마법처럼 메꿔줄 뿐만 아니라 이미지를 실현해주는 역할을 지닌 것이다.

우리에게 친숙한 식품에서 이러한 사례를 들어 얘기해보자. 빵과 함께 먹으면 더욱 고소하고 부드러운 버터는 무슨 색일까? 아마 따뜻한 핫케이크 위에 얹힌 버터 조각, 잠봉뵈르 샌드위치나 앙버터빵 사이에 끼워져 있는 버터 등을 떠올리며 많은 사람들이 연한 노란색이라고 할 것이다. 그런데 버터도 사실 착색을 한다(모든 버터가 그렇다는 건 아니다). 버터의 색은 버터의 원료인 우유의 색에 의해 정해진다. 그런데 우유의 색은 소의 사료나 착유 시기, 소의 품종에 따라 달라진다고 한다(달걀 노른자의 색도 마찬가지이다). 같은 품종, 같은 목장의 소라도 목초를 먹인 소의 우유는 목초의 엽록소에 함유되어 있는 베타카로틴(녹황색 채소, 과일, 해조류에 많이 포함되어 있는 노란색 색소) 성분이 풍부하여 노란색 빛깔의 버터가 만들어진다고 한다. 그리고 곡물이나 건초를 먹인 소의 우유는 하얀 버터가 된다. 그래서 예전부터 소가 목초를 먹는 봄부터 여름에 생산된 버터는 노랗고, 목초가 나지 않아 건초를 먹는 겨울에 생산된 버터는 하얗다고 한다. 그런데 노란

▲ 빵과 함께 먹으면 더욱 고소하고 부드러운 버터는 무슨 색일까? 우리는 보통 연한 노란색의 버터를 떠올리지만, 버터의 색은 원료인 우유의 색에 의해 하얗게도 노랗게도 변한다.

색 버터가 색도 예쁘지만 영양가(베타카로틴)가 더 함유되어 있어서 맛도 풍부하고 풍미가 다르게 느껴져 사람들이 선호하였다고 한다. 그런 경험에서 사람들에게 노란색 버터가 더 맛있고 품질이 좋게 느껴져, 겨울에 생산되는 흰 버터는 상대적으로 낮은 평가를 받게 되었다. 그래서 노란색이 이상적인 '버터의 색'으로 인식되기 시작했고, 그 이미지에 맞추며 제품의 가치를 높이기 위해 생산자는 버터에 천연색소인 메리골드나 당근으로 착색을 하며 버터의 색은 노란색으로 굳어졌다고 한다. 현재는 노란색 또는 오렌지색으로 음식을 착색할 때 가장 많이 사용되는 잇꽃나무의 씨에서 추출하는 아나토(annatto) 색소를 버터의 노란색을 내는 데 주로 사용한다.

그런데 버터의 색에는 색에 관련된 다른 에피소드가 하나 더 있다. 바로 버터의 대용품인 마가린과 관련된 사건이다. 1869년 프랑스의 나폴레옹 3세가 버터 대용품을 만들게 했다. 그래서 화학자 H. 메주 무리에(H. Mège Mouriés)가 개발한 마가린이 1870년대가 되며 판매되기 시작했다. 원래 마가린은 지방을 제거한 우유에 쇠기름(우지)을 섞어 만들어 흰색이었으나 이 색이 동물의 기름 덩어리를 연상시켜 이미지도 안 좋았고, 원래 목적이 비싼 버터를 대신할 인공 버터로서 창조된 식품이므로 당연히 버터(사람들이 더 선호하는 노란색 버터)와 비슷하게 보이도록 노란색으로 착색하여 만들었다. 이로 인해 누구나 비싼 '버터'를—사실 대용품인 '마가린'이지만—먹을 수 있게 되었고 잘 팔렸다. 그러자 당시 세력가였던 버터 사업가들이 마가린을 버터라고 속여 팔 수도 있으니(그 당시 버터나 마가린은 개별 포장보다는 덩어리에서 잘라 무게를 달아 팔았기 때문에 그럴 가능성이 있었다), 노란색은 버터 고유의 색으로 하고 마가린은 핑크나 빨강 같은 다른 색으로 제조하거나 노란색으로 못 만들게 해야 한다고 주장했다. 마가린 생산자는 버터도 착색을 하니 노란색이 버터 고유의 색이라 할 수 없어 부당하다고 주장했다. 결국 미국에서 재판까지 간 이 논쟁은 마가린이 버터의 모방품이므로 버터의 색을 쓰면 안 된다는 판결이 더 우세해, 1902년에는 마가린 1파운드당 1/4센트의 세금을 물게 하고 특히 노랗게 착색을 하여 팔면 1파운드당 20센트의 세금을 물게 하였다. 마가린을 발명한 유럽도 마찬가지로 특히 덴마크, 프랑스 같은 낙농 대국은 버터처럼 보이게 마가린을 착색하는 것을 금지했다. 그래서 덴마크나 미국에서는 고액의 세금을 피하기 위해 마가린을 구입하면 노란색 착색료를 무료로 제공하면서 소비자가 직접 착색하게 하는 제품을 판매하는 경우도 있었다. 마가린 업체의 또 하나의 비책은 착색이 아니라 아예 원재료로 색이 있는 재료를 사용하는 것이었는데, 마가린을 소의 지방인 우지(牛脂)와 같은 동물성 기름이 아닌 팜유나 코코넛 오일 같은 식물성 지방으로 만드는 기술을 개발하였다. 이 방법은 세금도 피하고 원가도 절감되면서 좀 연하지만 노란색을 띠는 제품을 얻는 일석삼조의 방법이었다. 하지만 1931년에 재료나 제조 방법에 상관없이 무조건 버터와 비슷하게 만든 마가린 제품에 대해서는 모두 착색 마가린과 같이 높은 세금을 과세하도록 법이 다시 강화되며 결국 노란색을 띤 마가린은 시장에서 사라지게 되었다. 그런데 식물성유로 마가린을 만드는 제조법이 생산가 면에서 훨씬 좋았기에, 마가린 업체는 제조는 그대로 식물성유로 하되 버터처럼 보이지 않게 하기 위해 노란 마가린을 일부러 표백하여 하얀색으로 만들기 시작했다. 식용유보다 수급이 어렵고 비싼 우지를 사용하기보다는 제품을 표백하는 비용이 훨씬 저렴했기 때문이다. 이 기나긴 버터와 마가린의 색논쟁을 보며, 원래 그 식품의 색은 무엇일까라는 문제를 생각해볼 수 있겠다. 우리가 이건 정말 원래 그 음식의 색일 것이라고 생각하는 것이 사실은 의외로 어디선가 의도하여 연출된 색일지도 모른다.

이 책을 준비하며 찾아본 자료에서 알게 된 또 다른 흥미로운 사례가 있는데 '빨간색 음식' 하면 누구나 제일 먼저 떠올리기 쉬운 '토마토'는 아즈텍이 원산지로 토마토라는 이름도 아즈텍어에서 유래되었다고 한다(아즈텍어로 tomatl, 스페인어로 tomate, 영어로 tomato).[7] 이 토마토가 원래는 야생에서 자라는 노란색의 조

▲ 수많은 개량을 거쳐 지금은 전 세계 거의 모든 지역에서 가장 많이 재배되는 친숙한 빨간색 식품이 된 토마토는 처음부터 빨간색이었을까?

7) 라틴어로는 Lycopersicon.

그만(지름 1cm) 방울 같은 모습의 열매였다고 한다. 그래서 태양을 숭배했던 아즈텍에서는 토마토를 황금빛으로 빛나는 '태양의 선물'이라고 하며 기원전 700년 전부터 과일로 재배했다고 한다. 그런데 멕시코로 전해져 재배를 하면서 붉고 크게 개량되었다고 한다. 16세기 스페인에 의해 토마토가 유럽에 전해졌을 때 토마토에 대해 묘사한 글을 보면 "익었을 때 핏빛 붉은색 또는 황금색을 띠고 속을 구획대로 잘라 가지처럼 먹을 수 있는 새로운 유형의 가지를……"이라고 쓰여 있고, 이름도 황금색의 과일이라는 의미로 golden apples〔pomod'oro(이태리), pommes d'or(프랑스), Goldapfel(독일)〕라 불린 것으로 보아 여전히 노란색이었던 것 같다. 이후 세계 각국으로 퍼져나가서 토마토의 강한 생명력에 의해 살아남아 수많은 개량을 거쳐 지금은 전 세계 거의 모든 지역에서 가장 많이 재배되는 친숙한 빨간색 식품이 되었다. 황금색의 토마토가 빨간색이 된 것이 언제 어디에서부터인지 모르지만 현대인에게 빨간색 식품의 대명사가 된 것은 확실하다.

마가린 업체가 재료를 바꿔서 노란색을 냈듯이 착색하지 않고 원자재의 색을 바꿀 수도 있다. 요즘은 단순한 종자 개발을 넘어 유전자가위 등 다양한 방법으로 비교적 손쉽게 색의 개량이 가능한데, 그렇다면 어디서부터 착색이고 어디서부터 식품 본래의 색이라고 할 수 있을까? 우영우가 말한 '엄밀히 말하면 무엇의 색'이라는 식품의 색과 '예상 가능하여 믿을 수 있는 맛과 식감'이라는 확고한 정의(定義)와 신뢰감(信賴感)에 대해 생각하면 머리가 복잡해진다. 합성착색료나 첨가물이 나오고 첨가물에 대한 정보를 상표에 기입하도록 법이 만들어졌다. 그리고 요즘은 'NON GMO(비유전자 변형)'[8] 같은 표기를 하도록 하고 있지만, 이 복잡하고 어려운 기술과 공정이 이 짧은 말로 설명이 되고 있는 걸까? 여기서 그런 방식의 안전성 문제까지 말하려는 것은 아니다. 다만 식품 가공품은 물론 자연 농산물들의 '자연스러운 색', 우리가 당연히 그것의 이상적인 고유의 색이라고 생각하여 평가의 기준으로도 삼고 있는 '그 색'도 애초에 실험실이나 밭, 공장 등에서 만들어졌고, 우리도 모르는 사이에 생산업자, 광고, 그리고 교육 등에 의해 그 색에 익숙해진 결과일지도 모른다는 것이다.

그리고 이 사건에서 또 알 수 있는 것은 제품의 색, 특히 음식의 색은 이미지에 끼치는 영향이 크고, 그 이미지는 힘을 가진다는 것이다. 즉 텔레비전, 인쇄물, 인터넷 등 매스미디어가 발달할

8) GMO, 유전자재조합식품, Genetically Modified Organism: 유전자 조작 또는 재조합 등의 기술을 통해 재배 및 생산된 농산물을 원료로 만든 식품.

수록 다른 감각보다 시각을 통해 파악하는 정보의 양이 많아지고 의존성이 커져버렸다. 이에 따라 '어떻게 보이나', '무슨 색인가', '이 색이 주는 이미지는 어떠한가' 등 외형의 이미지를 결정하는 중요 요소인 색에 대한 관심과 연구가 늘어날 수밖에 없다. 과거에 황제의 색, 계급에 따른 의복의 색 등과 같이 권력의 상징이었던 색이 현대에 와서 또 다른 새로운 힘(권력, Power)을 가지게 되었다는 것을 알 수 있다.

무지개는 몇 가지 색?

무지개는 몇 가지 색일까? 아마 "빨, 주, 노, 초, 파, 남, 보! 7가지!"라고 대답하는 사람이 많을 것이다. 전 세계적으로 보면 영국, 일본, 우리나라는 7개로, 미국을 비롯 유럽은 남색을 제외한 6개로, 멕시코 원주민인 마야족은 5개라고 대답하는 경우가 많다고 한다. 또 2색이나 3색이라고 대답한 문화권의 부족도 있다. 동양적 사고관에서는 다섯 색깔로 무지개를 표현하는 경우가 많아서 선녀는 오색영롱한 구름을 타고 다닌다. 왜 답이 이렇게 다를까? 기후나 위도에 따라 무지개가 다르게 생기거나 보이는 것일까? 아니면 눈의 기능이 달라서일까? 다 아니다. 무지개는 예나 지금이나 한반도의 서울이나 남태평양의 피지에서나 같은 모습이다. 그리고 무지개를 본 사람은 알겠지만 어디까지 빨강이고 어디까지 노랑인지 구별이 없다. 왜냐면 무지개는 연속된 스펙트럼으로 쭉 색이 그라데이션으로 이어져 있기 때문이다. 그러면 왜 이렇게 답이 다를까? 이것은 사실 '무지개는 몇 가지 색일까?'가 아니라 '몇 가지 색으로 말할

것인지'가 맞다. 우리는 그럼 왜 다 7가지라고 생각하고 있을까? 그러고 보면 오히려 입을 모아 7가지라고 말하는 게 더 신기한 일이다. 우리는 언제부터인가 책으로, 노래로, 텔레비전으로, 엄마가, 선생님이, 학교에서 등 7가지라고 배웠다.[9] 그래서 무지개는 7가지 그것도 빨, 주, 노, 초, 파, 남, 보가 된 것이다. 우리 주변의 색들도 다 이렇다. '이것은 무슨 색'이라고 좀 과장해서 말한다면 교육과 주변환경에 주입식으로 세뇌당해서 그렇다. 바나나는 노랗고 오렌지는 오렌지색, 하늘은 하늘색, 멜론은 초록색, 우유는 하얀색 등. 정말 바나나는 노란색일까? 사실 바나나는 초록색, 빨간색, 갈색, 보라색, 심지어 파란색도 있다고 한다. 그런데 초기 바나나 교역업자가 시장에 바나나를 내놓을 때 유통과 생산성, 마진 등을 따져 노란색 바나나가 가장 적합했기에 노란색 바나나를 대량으로 유통시키고 또 수요와 인기에 의해 노란색 바나나가 본격적으로 재배되어서라고 한다. 생각해보면 어렸을 때부터 책이며 각종 티비 프로그램이며 음식점, 마트, 바나나를 이용한 가공식품 등 모든 곳에서 노란색 바나나만 주로 보고 먹고 또 '바나나는 노랗다'라고만 하는 세계에서 살았다는 사실을 영화 〈트루먼 쇼〉의 주인공처럼 문득 깨닫는 순간이 있다!

9) 그 원류를 찾아 올라가면 과학자 뉴턴이 고대 그리스의 수학자이자 철학자인 피타고라스가 음을 7음계로 정한 것에서 착안, 색의 스펙트럼도 7가지 색의 구성으로 정함.

PART 3

음식 색 팔레트

'Eat The Rainbow'

식품의 색에 따라서 먹는 음식을 선택하는 사람은 별로 없을 것이다. 그러나 빨강, 주황, 초록, 보라, 노란빛을 띠는 천연제품에는 건강상 이점이 많다

다양한 과일과 채소를 먹는 것의 중요성을 설명하기 위해, 건강 전문가들이나 매스컴에서 종종 "무지개를 먹으라"고 조언하는 것을 들은 적이 있을 것이다. 다양한 색의 식재료가 가진 힘을 섭취하라는 뜻으로, 식사에 색을 더하면 더 오래 건강한 삶을 살 수 있으며 알록달록한 과일과 채소의 풍부한 색상과 독특한 맛과 향은 우리를 건강하게 해주는 화합물질인 파이토뉴트리언트(phytonutrients)를 함유하고 있기 때문에 이것들을 골고루 챙겨 먹으면 면역 체계를 강화하고 풍부한 비타민과 미네랄을 섭취할 수 있다고 한다. 파이토뉴트리언트에는 강력한 항암 및 심장병을 예방해주는 효과가 있으며, 심혈관 질환을 포함한 많은 만성 질환의 위험을 줄여주는 효과가 있다고 한다.

인공착색료는 건강을 해치는 요인으로 주의해야 하지만 식품 원물이 가지는 천연의 색소들은 우리를 살리는 색이라고 한다. 간혹 인공색소 섭취량이 미비함에도 유해성에 대하여 너무 과장되었다고 말하는 의견도 있다. 하지만 어린아이들이 주로 소비하는 사탕, 과자, 음료류에 인공색소가 많이 사용되고 인공색소의 섭취가 어린아이의 과잉행동증후군과 아토피 유발 등과 관련이 있다

는 연구결과가 있는 한, 인공색소의 사용 및 관리는 더 주의를 기울여야 할 문제임에는 틀림없다. 최근의 식품색소에 관한 연구의 세계적인 동향을 보면 안전한 물질에서 색소를 추출하는 천연색소 발굴 및 개발 연구가 활발하다. 우리가 사용하는 자연 유래의 색소 중에는 버드나무 껍질에서 추출한 아스피린, 말라리아 특효약 퀴닌, 발암물질 생성을 억제하는 플라보노이드, 단풍잎의 카로테노이드, 마늘과 양파의 황화합물의 일종인 알리신 등과 같은 피토케미컬(phytochemicals) 성분이 있어 고대부터 실제 의약제로 썼듯 약효를 가진 것도 많다. 또 과학기술의 발달로 기존 색소에서 문제가 되었던 유해물질을 추출해내는 기술도 발달하고 있고, 또 기존의 천연색소가 가졌던 불안정성에 대한 개선으로 보다 범용적으로 사용할 수 있는 다양한 색소가 개발되고 있다.

+ 색에는 맛이 있을까?
: 색과 맛

핑크색은 딸기맛, 빨간색은 체리맛, 노란색은 레몬맛 등 우리는 경우에 따라 특정 색을 보고 맛을 연상할 수 있다. 물론 소수의 사람들 중에는 색을 보면 진짜 맛이 느껴지는 사람들이 있다고 한다. 이것을 공감각(共感覺)이라고 하는데 어떤 감각에 자극이 주어졌을 때, 전혀 다른 영역의 감각이 동시에 반응하는 '감각전이(感覺轉移, sense transference)' 현상을 말한다. 원래 시각, 청각, 미각, 후각, 촉각의 각 감각기관은 각 기관이 감지하는 영역의 자극에 대해 1 대 1로 반응이 일어나는데 공감각은 이러한 감각 간의 경계를 넘어 하나의 자극에 복수의 기관이 반응하는 것을 말한다. 공감각을 가진 사람들 중 가장 많은 경우가 소리

▶ 핑크색은 딸기맛, 빨간색은 체리맛, 보라색은 포도맛, 노란색은 레몬맛 등 우리는 경우에 따라 특정 색을 보고 맛을 연상할 수 있다.

를 들으면 소리와 함께 색도 같이 느껴지는 색청(色聽)이다. 그리고 맛과 관련된 공감각 중 확인된 사례는 소리를 들으면 맛이 느껴지거나, 글자에서 맛이 느껴지는 경우가 있다고 한다.

하지만 지금 여기서 말하는 색과 맛과의 관계는 특별한 능력을 가진 소수 사람들의 공감각에 대한 이야기가 아니다. 일반적으로 누구나 공감하고 관념적으로 느낄 수 있어 하나의 기호나 신호처럼 사용할 수 있는 색과 맛에 대한 이야기를 하는 것이다. 본래는 관계가 없는 것들 간에 어떠한 대응이 있는지를 알아보고 그 관계성을 연구하는 것을 '감각간협응(感覺間協應)'이라고 하는데 옥스퍼드대학에서 색과 맛 사이의 감각간협응에 대해 30년간 연구를 해오고 있다. 그 연구 결과에 따르면 핑크, 연노랑, 갈색, 하늘색, 탁한 파란색 이렇게 5색에 '단맛', '신맛', '쓴맛', '짠맛', '감칠맛'의 다섯 가지 맛을 대응시켜보라고 하면 많은 사람이 아래 표와 같은 결과로 대응시킨다고 한다. 그리고 이 결과는 시대와 문화의 차이를 넘어 공통성을 갖는다고 한다. 그렇다면 어쩌면 우리는 실제로 음식의 맛을 보기 전부터 눈으로 보고 뇌에서

옥스퍼드대학의 맛과 색의 감각간협응 실험 결과

단맛	신맛	쓴맛	짠맛	감칠맛

색과 맛을 느끼고 있었던 것인지 모른다.

색과 맛의 관계는 미국의 색채학자이자 색과 생산성, 색의 심리 효과 등을 연구하여 컬러 컨설턴트로 활약했던 파버 비렌(Faber Birren, 1900~1988)이 말한 "밝고 따뜻한 계열의 색은 식욕을 촉진시킨다"는 이론이 유명하다. 최근에는 뇌과학과 과학기술의 발달과 더불어 색이나 맛의 인지 메커니즘 및 뇌의 각 부위와의 관계 등에 대해 새로운 사실이 많이 밝혀졌다. 이제까지는 사람이 음식을 먹고 맛을 판단할 때, 다섯 가지의 맛센서를 통해 어떤 맛을 느끼고 그 맛에 대한 종합적인 평가로 맛있다 맛없다를 판단한다고 생각했다. 하지만 최근의 연구에 따르면 뇌에서 다섯 가지 맛에 대한 정보를 처리하는 곳과 맛있다 맛없다를 판단하는 곳이 다르고, 심지어 '맛이 있고 없다'의 판단이 다섯 가지 맛의 인지보다 먼저 이루어진다는 것이 밝혀졌다. 즉 '단맛이 느껴져 맛있다'가 아니라 '맛있다→단맛이 나네'의 순서로 이루어진다고 한다.

우리가 음식이나 음식의 포장에 색을 사용하는 경우 보통 두 가지 요소를 고려한다. 재료가 가진 특성을 잘 나타내어 내용물에 대한 정보가 잘 전달되었는가, 그리고 상품의 이미지를 잘 연출하여 내가 보여주고 싶었던 대로 잘 전달되었는가, 두 가지 모두 그렇게 보이게끔 잘 연출하여야 하는데 그러기 위해서는 적합한 색을 사용해야 한다. 여기서 적합한 색이라는 것은 관념적으로나 직감적으로 내가 전달하고자 하는 의도가 색을 통해 상대방에게 전달이 되는 색으로, 그 전제 조건으로는 서로 그 색에 대한 공통적인 감각과 정보를 가지고 있어야 한다. 우선 재료나 맛의 정보를 알리는 경우는 재료가 가진 특성을 살린 색을 사용하는 방법이 무난하다. 예를 들어 커피캔이라면 아메리카노는 진하지만 산뜻한 브라운색, 카페라테는 흰색이 섞인 연한 브라운색, 토마토맛 소스라면 붉은색, 크림맛 소스라면 흰색, 오렌지주스라면 오렌지색 등과 같이 소재나 그 음식의 대표적인 색을 그대로 이용하는 것이다.

다음으로, 이미지를 전달하는 경우는 맛이나 그 느낌을 색으로 표현해야 하는데 맛과 색의 관계를 조사해보니 사람들 사이에서 어느 정도 공통점이 확인된다고 한다. 예를 들어 단맛은 빨강, 주황, 핑크 등 난색 계열, 신맛은 노랑과 연두색, 짠맛은 파란색과 흰색 같은 한색 계열의 색과 회색이, 매운맛은 빨간색과 진한 빨간색 그리고 검은색이, 쓴맛은 갈색, 올리브그린과 같은 조금 탁하고 진한 색이, 그리고 고소한 맛은 갈색, 베이지같이 채도가 조금 낮은 노란색 계열의 색이 대응된다고 한다. 맛과 색 사이의 감각간협응에 대해 연구한 옥스퍼드대학의 실험 결과와 유사한 결과이기도 하다. 이러한 공통점은 무엇일까? 맛은 색과 어떤 관계가 있을까? 이러한 관계를 잘 알면 보다 전달력이 좋은 패키지나 제품 설명을 할 수 있고, 인터넷상에서 점점 사용이 늘어가는 음식 주문이나 장보기 서비스에서 효율적으로 활용될 수 있을 것이다. 또 가상현실 세계에서 음식을 재현할 때 보다 현실감 있는 재현이 가능할 것으로 생각된다.

빨, 주, 노, 초, 파, 남, 보
색상별로 분류된 식용 천연착색료

식물이 가지고 있는 화학물질은 그 자체의 생존과 이익을 위해 식물에 존재한다. 그러나 결과적으로 그 성분들은 그것을 섭취하는 인간의 몸에도 영양 면에서도 그리고 약제로서도 영향을 미친다. 색소와 특유의 풍미를 가지고 있는 경우가 대부분인 이 물질들은 강력한 항산화 역할을 하며 암, 퇴행성 및 심혈관 질환과 같은 질병으로부터 우리를 보호해준다.

Red/빨간색

– 붉은 과일의 색소, 게 등 갑각류의 색소

주요 붉은색 색소는 리코펜(Lycopene, 토마토), 안토시아닌(anthocyanin, 딸기를 포함한 붉은 열매), 엘라그산(딸기, 라즈베리, 석류),

아스타잔틴(게, 연어, 새우)을 포함한 항산화제를 함유하고 있다.

리코펜은 붉은 토마토, 수박, 비트 등에 함유된 붉은색을 띤 카로테노이드 색소의 일종으로, 카로테노이드 색소가 동식물이 몸을 보호하기 위해 축적하는 천연 성분의 색소이므로 우리 몸에 좋은 항산화 작용에 탁월하며 전립선암과 같은 특정 암에 대한 항암 및 예방 효과, 심장 및 폐 질환을 예방하는 소염(항염증), 눈의 건강, 황산화 특성, 심혈관 질환(CVD) 보호, 혈압과 콜레스테롤을 낮추는 데 도움이 된다. 특히 리코펜은 익히면 체내에 흡수가 더 잘된다.

코치닐은 선인장에 서식하는 연지벌레(깍지벌레)로부터 추출한다. 중남미에서 오래전부터 사용해왔고 16세기 이후 스페인에 의해 유럽으로 전파되었다. 선명한 빨간색은 귀족, 상류계급용 의복염료, 물감 등으로 상당히 인기였고 고가였으나 이후 붉은색 합성염료인 '후쿠신' 발견으로 코치닐 가격이 폭락하였다. 현재에도 딸기우유, 사탕류, 화장품 등 다양하게 사용 중이나 알러지를 유발시키는 등의 문제로 미국과 유럽에서는 식품에의 사용을 엄격히 관리한다.

Orange/주황색

– 당근, 호박 등 녹황색 채소, 망고, 감 등 과일, 크로렐라, 김 등 해조류

베타카로틴(β-carotene)은 자연계에 존재하는 500여 종의 카로테노이드(carotenoid) 중의 하나이며 미역, 파래, 다시마 등에 많이 들어 있다. 노란색과 오렌지색 과일 및 채소의 색소, 체내에서 비타민A로 전환되어 호르몬 생성을 돕고 뼈와 피부 건강, 대사, 면역기능, 눈의 건강 유지에 도움이 되지만 너무 많이 섭취하면 오히려 건강에 해로우므로 보충제로 섭취할 경우 전문가 상담이 필요하다.

카로테노이드는 주로 노란색과 주황색 채소에 존재하지만 사실 잎이 많은 채소, 특히 짙은 녹색 채소에 많이 들어 있다. 카로테노이드의 노란색과 주황색 색소는 엽록소의 초록색 안에 '숨겨져 있다'라고 한다. 카로틴의 가장 좋은 공급원은 고추, 고구마, 호박, 당근, 칸탈루프, 망고, 복숭아, 시금치, 브로콜리, 근대, 케일, 치자, 홍화(잇꽃, benibana), 고급 향료인 사프란, 일부 과일과 채소로, 특히 노란색과 주황색 과일은 베타카로틴의 원천이다.

비타민A가 부족하면 지나치게 건조한 피부, 발진, 비늘 모양, 주름, 부서지기 쉬운 손톱, 시력 저하, 야맹증, 건조한 눈, 식욕 부족, 감염 등이 발생한다.

Yellow/노란색

– 심황/강황 색소, 바나나, 유자, 레몬 등

커큐민(curcumin)은 생강과 심황/강황의 뿌리줄기에서 에탄올, 유지 또는 유기 용매로 추출하여 얻을 수 있다. 주성분은 폴리페놀 성분인 커큐민이라는 선명한 노란색 색소. 카레가루 색의 성분으로 전신의 염증 개선에 탁월한 효과가 있어 항암 효과가 증명되었으며 항산화 작용은 물론 치매에도 효과가 있다는 연구 결과도 있다.

레몬, 유자, 파파야, 망고, 옥수수 등과 같이 노랗거나 오렌지색 과일 및 채소는 풍부한 비타민C와 베타카로틴을 함유하고 있어 항산화 작용과 류머티즘 관절염 등에 좋다.

달걀 노른자는 불포화지방산, 레시틴, 인, 철분, 엽산 등이 풍부하여 두뇌 발달을 돕고 혈액 순환을 원활하게 한다. 루테인과 지아잔틴 등도 있어 눈 건강에도 좋다.

Green/녹색

– 케일, 시금치, 녹차, 양배추 등 녹색 채소의 엽록소

엽록소(chlorophyll)가 풍부한 음식은 대부분 녹색이므로 색으로 쉽게 알아볼 수 있다. 엽록소는 식물이 광합성으로 받은 에너지를 생명 유지를 위한 영양분으로 만드는 데 꼭 필요한 물질

로 식물의 방어기제로 작용하기도 한다. 유기체를 산소화해 혈액 개선이나 항산화 효과가 있고, 중금속 제거 촉진 등 해독 작용 및 신진대사 개선에 도움이 되며, 체중 증가를 완화하고 염증을 개선하여 장내 유익균을 증가시키는 효과가 있다.

엽록소는 차드, 시금치, 브로콜리, 아스파라거스, 양배추 및 아티초크와 같은 녹색 잎이 많은 채소와 키위에 들어 있으며 비타민K, 엽산 및 마그네슘이 풍부하다. 그리고 카로틴이 매우 풍부한데, 노란 색소가 강력한 엽록소의 초록 색소 뒤에 숨겨져 있어 주황색으로 보이지 않는 것이다. 따라서 노란색 색소의 성분인 루테인과 지아잔틴도 포함되어 있어, 눈의 노화와 관련된 황반 변성의 예방 등에 효과가 있다.

녹차에 함유된 폴리페놀은 복부대동맥류 예방에 효과적이며 녹차 속 탄닌 성분은 미세먼지 속 중금속의 체내 흡수를 막고 배출에 효과적이고 또 카테킨, 데아플라빈, 비타민C, 니아신 등의 성분은 강한 항염증, 항산화 방지 역할을 해 치매 예방에 도움이 된다.

설포라판(Sulforaphane, SFN)은 십자화가 채소에서 발견되는 유황을 함유한 천연화합물로, 해독, 위염. 항균, 항염증, 심장 마비, 뇌졸중 및 임신성 당뇨병 등에 도움이 된다.

Blue·Purple/블루·퍼플

– 블루베리, 포도, 비트, 가지 등 보라색 안토시아닌

안토시아닌은 과일과 채소의 자주색과 청색으로 인해 쉽게 알아볼 수 있다. 따라서 같은 색 계열의 블루베리, 블랙베리, 포도, 자두, 무화과 및 붉은 양배추 등에 많이 함유되어 있으며, 안토시아닌의 강력한 항산화 효과는 심혈관 질환의 위험 감소, 제2형 당뇨병의 낮은 발병률, 신경 보호 효과, 효율적인 체중 유지, 심장강화, 혈압조절, 세포의 재생에 도움을 준다.

안토시아닌(anthocyanin)은 꽃을 뜻하는 그리스어 'anthos'와 짙은 청색을 의미하는 'kyaneos/kyanous'가 합쳐진 단어로 실제로 다양한 꽃의 색소이기도 하다. 수용성 염료로 pH 변화에 따라 빨강(pH〈7), 보라(PH=7), 파랑(pH〉7), 그리고 검정까지 나타낼 수 있다. 안토시아닌이 많은 식재료로는 아로니아, 블루베리, 라스베리, 적양배추, 검정쌀, 검은콩 등 색이 진한 것들이 많으며, 가을에 잎의 색이 바뀌는 낙엽 중에도 안토시아닌이 색 변화에 관여하는 경우들이 있다.

Neutral/흰색·베이지색

– 양파, 마늘, 파, 무 등

흰색 채소에는 심장혈관 건강을 향상하는 케르세틴 및 알리

신과 같은 물질이 포함되어 있다. 이런 연한 색의 채소들은 색상이 화려하지 않아 눈에 잘 띄지 않으나 부추, 무, 양파 및 마늘에는 모두 인돌이 풍부하다. 특히 양파와 마늘에는 심혈관 건강을 향상할 수 있는 물질인 케르세틴과 알리신이 풍부하다.

안토잔틴은 흰색 또는 크림색을 만드는 색소이다. 심장 및 근육 기능에 중요한 미네랄인 칼륨의 좋은 공급원으로 양파 계열에 많이 함유되어 있다. 항 종양 특성이 있는 알리신이 포함되어 있으며 안토잔틴이 CVD 및 관절염과 같은 염증 완화에도 효과가 있다는 연구 결과도 있다. 주로 양파, 콜리플라워, 마늘, 리크, 파스닙, 무, 버섯, 바나나, 셀러리, 마늘, 아티초크, 순무, 백도와 같이 연한 크림색의 채소에 많이 함유되어 있다.

Black/검은색

– 검은콩, 흑미, 김, 다시마, 목이버섯, 오징어 먹물, 캐비아 등

보랏빛의 안토시아닌 색소가 많이 함유되어 색이 짙어 검게 보이는 경우인 검은콩, 흑미, 블랙베리(오디) 등은 항황산화 작용에 탁월하다. 흑미는 일반 백미에 비해 비타민B군, 철, 아연, 셀레늄 등의 무기염류가 5배나 많이 함유되어 있다. 검은깨도 일반 깨보다 비타민B군, 레시틴, 리놀산 등 영양분이 풍부하여 동맥경화증, 피부건조, 모발 건강, 치매예방 등에 효과가 있다.

목이버섯은 식이섬유와 철분, 비타민D가 풍부하여 빈혈, 골다공증 등에 좋다.

오징어 먹물은 과거 서양에서 잉크 대용으로 쓰여, 세피아(sepia)라는 색이름도 있으며, 실제 오징어 먹물로 작성한 베토벤이나 모차르트의 악보가 남아 있다. 오징어 먹물에는 세포의 재생과 에너지 대사를 촉진하는 비타민B2와 비타민E도 풍부하게 포함되어 있어 서양에서는 자양강장약으로도 사용되었다고 한다. 오징어 먹물의 검은 색소 성분은 멜라닌이다. 멜라닌은 아미노산의 일종으로, 높은 점착성을 가지고 있기 때문에 항균 작용이나 정장 작용을 하고, 혈류를 좋게 하고, 타우린 등의 영양 성분도 풍부하게 포함되어 있어 간기능 향상, 당뇨 등 생활습관병 예방 등에서도 효과가 기대되는 식재료이다. 또 최근 먹물의 끈적한 젤라틴성 물질의 '뮤코다당(mucopolysaccharide)'이라는 성분이 손상된 세포를 재생하거나 항바이러스 효과가 있다는 것이 확인되어 기대를 모으고 있다.

주요 식용색소의 종류와 특징

색	색소	이름	주로 사용하는 식품	위험가능성 (금지국가)
	황색 4호	타트라진 (Tartrazine)	빵, 떡, 견과류, 젤리, 시럽, 해조류 가공품 등	ADHD 위장장애
	황색 5호	선셋 옐로 (Sunset Yellow FCF)	탄산음료, 과자 청색 2호와 섞으면 검은색	발암성 ADHD
	적색 40호	알루라 레드 AC (Allura Red AC)	청량음료 등 기타 음료, 과자, 껌	발암성 ADHD
	적색 102호	뉴 콕신 (New Coccine, Ponceau 4R)	소시지, 케이크, 초콜릿	간기능 저하 (미국)
	적색 2호	아마란스 (Amaranth)	견과류, 아이스크림, 딸기 시럽, 젤리, 주류	발암성 알러지, 불임 (미국)
	적색 3호	에리스로신 (erythrosine)	구운 과자, 발효식품, 어묵	성장저하, 갑상선 종양
	녹색 3호	패스트 그린 FCF (Fast Green FCF)	과자, 청량음료	(유럽)
	청색 1호	브릴리언트 블루 FCF (Brilliant Blue FCF)	기타 음료, 빵, 떡, 초콜릿, 팥소	의약품으로 효과
	청색 2호	인디고 카르민 (Indigo carmine)	초콜릿, 사탕류, 빵, 떡, 앙금	의약품으로 효과

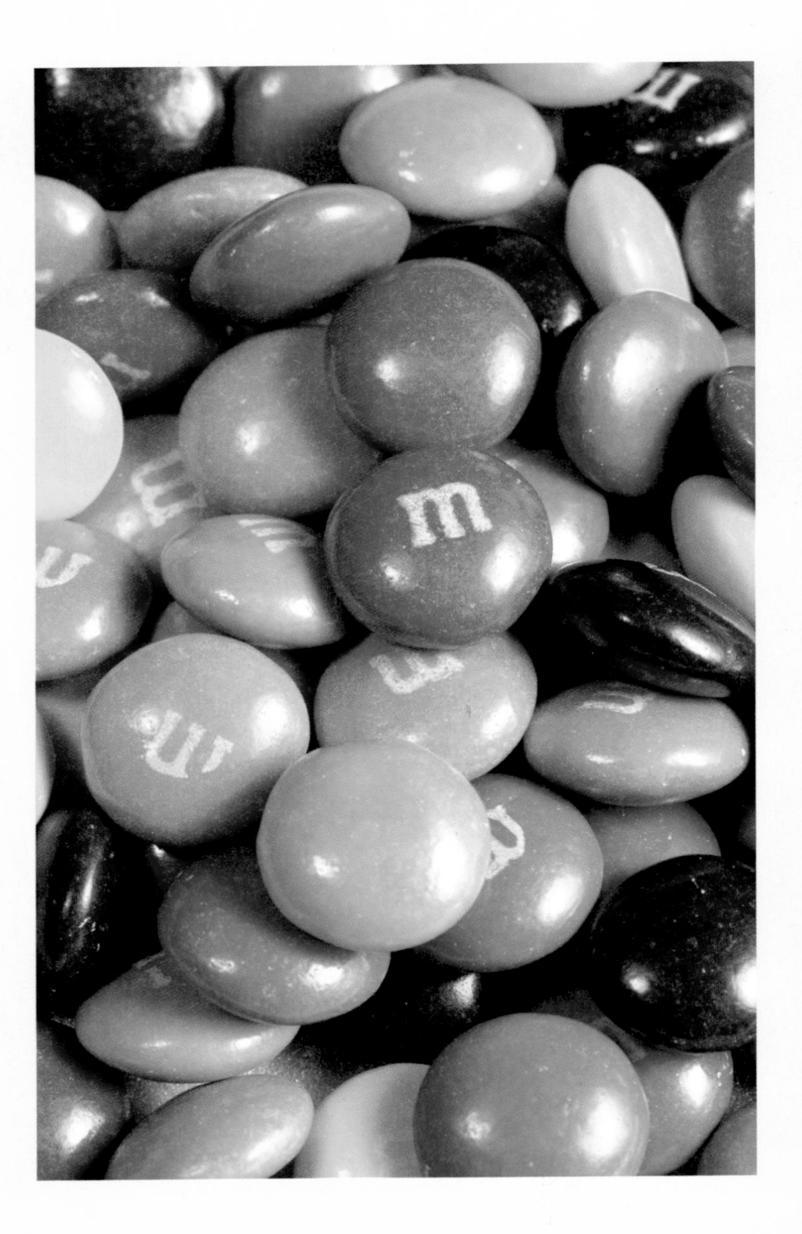
m

진짜 초콜릿 색

"[M&M를 먹으며] 저는 갈색만 먹어요. 왜냐면 초콜릿은 원래 갈색이니까 그게 인공색소가 덜 들었을 것 같아서요."

2001년에 발표된 로맨틱 코미디 영화 〈웨딩플래너〉에 나오는 대사이다. 주인공 스티브는 M&M 초콜릿에서 갈색만 골라 먹는다. 이유는 갈색이 원래 초콜릿 색이니까 색소가 가장 적을 것 같아서……. 그런데 M&M 초콜릿의 색소를 크로마토그래피(chromatography)로 분석해보니 노랑, 파랑, 빨강은 각각 노랑, 파랑, 빨강 색소 하나만 검출됐는데, 초록은 노랑과 파랑, 그리고 갈색은 빨강, 노랑, 파랑, 즉 세 개의 색소가 검출되었다. 갈색 M&M은 실제로는 다른 M&M보다 더 많은 색의 인공색소를 함유하고 있었다. M&M 초콜릿을 녹여 먹어본 사람이라면 무슨 색이든 초콜릿 알갱이가 일단 하얀 캔디로 코팅되어 있다는 사실을 알 것이다.

* 크로마토그래피 실험
https://8ehebetang.weebly.com/candy-chromatography/first-post

+ 친숙한 식품들의 색 이야기 1 : 달걀

최근 마트에서 다양한 색의 달걀들을 본 적이 있는가? 몇 년 전까지만 해도 연갈색 달걀만 있었는데 언제부터인가 꽤 오래 자취를 감추었던 흰 달걀이 다시 나오기 시작하더니, 어느 날 보니 '청란'이라는 푸른빛을 살짝 띠는 청잣빛의 달걀도 팔고 있다. 만약 이 달걀들을 모두 같은 가격으로 판매하면 어떤 달걀이 잘 팔릴까? 기존의 연갈색 달걀이 가장 잘 팔린다. 연갈색 달걀이 선호되는 이유는 '영양가가 높을 것 같다', '맛이 진할 것 같다', '원래 먹던 거라 친숙하다' 등이라고 한다. 사실 달걀 껍데기의 색상 차이는 닭 종류의 차이, 더 자세히 말하면 닭의 깃털 색 차이다. 흰 깃털 닭은 흰 달걀을 낳고 붉은 깃털 닭은 붉은 달걀을 낳는다. 또 최근에 고가에 팔리는 청란은 아프리카산 검은 깃털 닭의 달걀이다.

붉은색 달걀 중에서도 밝은 곳에서 사육되는 닭의 달걀 껍데기의 색은 옅고, 어두운 곳에서 사육되는 닭의 달걀 껍데기의 색은 진하다. 즉 달걀 껍데기의 색 농도는 사육되는 곳의 밝기에 영향을 받는다. 이것은 적으로부터 달걀을 지키기 위해 은폐를 하려는 닭의 본능에 의한 것이라고 한다. 이러한 성질을 이용한 윈도레스 닭장(Windowless Poultry Houses)이라는 사육장이 있다. 창문을 없애고 인공조명 등으로 완전히 빛과 온도를 제어하여, 의도적으로 달걀의 색과 산란을 조절한다. 한편 달걀 노른자의 색은 전적으로 닭이 먹는 먹이에 따라 달라진다. 진한 오렌지색 노른자는 파프리카와 고추씨, 강황 등을, 노란색이 강한 노른자는 옥수수를, 옅은 노른자는 쌀을 사료로 주는 경우다.

달걀 껍데기의 색과 환경에 관련된 얘기를 또 하나 하면, 지구에 서식하는 새알의 색을 분석해보면 적도에 가까울수록 색이 연하고(푸르거나 희고) 멀어질수록, 즉 기온이 낮아지고 일조량이 줄어들수록 색이 짙어지는 현상을 발견할 수 있다고 한다. 이것은 색과 열의 복사와 상관이 있는 것으로 색이 짙을수록 빛(열)을 흡수하고 흴수록 빛(열)을 반사하는 것을 다들 기억할 것이다. 즉 더운 곳에서는 알이 열로 데워지지 않게 밝은색, 추운 곳에서는 열손실이 적게 일어나게 짙은 색의 알을 낳는 것이다. 아까 청란은 아프리카산 검은 깃털 닭의 알이라고 한 것을 기억하나? '깃털 색에 따라 알의 색이 달라진다고 했으면 검은색 달걀이어야

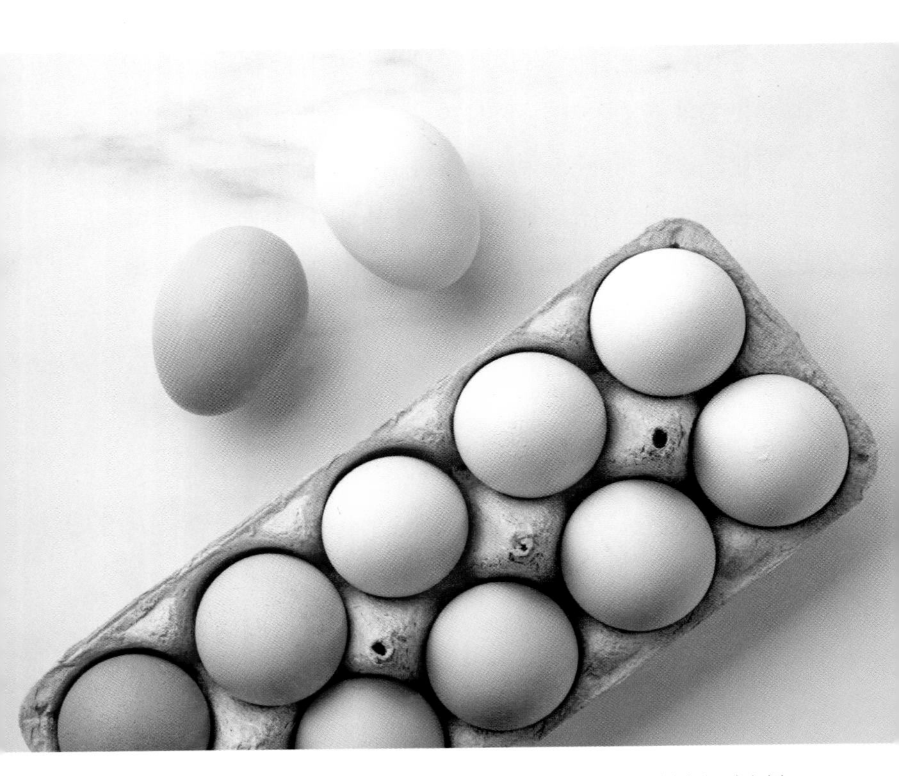

▲ 세계 각지에는 흰색, 갈색, 파란색, 초록색, 심지어 분홍색 달걀도 존재한다. 달걀 껍데기의 색은 닭의 깃털 색, 사육 환경 등에 따라 달라진다.

지?'라고 살짝 갸우뚱했던 분도 있을지도 모르겠다. 청란을 본 적이 있는 분들은 아시겠지만 아주 연한 하늘색이다.

이처럼 달걀 껍데기의 색은 닭의 품종과 깃털색, 사육 환경 등에 따라 달라지기에 매우 다양하다. 세계 각지에는 흰색, 갈색, 파란색, 초록색, 심지어 분홍색 달걀도 있다고 한다.

기본적으로 달걀 껍데기는 흰색의 칼슘 성분으로 되어 있다. 그리고 달걀 껍데기의 색은 갈색과 파란색 색소로 형성된다고 한다. 파란색 색소의 경우 껍데기 전체에 물들어 있어 청란을 보면 껍데기 안쪽도 겉과 같은 푸른색이다. 그러나 갈색 색소의 경우 껍데기의 가장 바깥 층에만 존재하여 갈색 달걀 껍데기의 안쪽은 흰색이다. 갈색과 파란색 색소가 모두 포함된 달걀은 올리브그린색을 띤다. 삶은 메추리알과 갈색 달걀의 껍데기를 까본 사람이면 알 것이다. 메추리알은 껍데기 안쪽이 푸른빛을 띠지만 갈색 달걀의 경우는 새하얀 색이다.

친숙한 식품들의 색 이야기 2 : 소금

소금은 인간이 생명을 유지하는 데 있어서 반드시 필요한 무기질 중 하나이며 인간이 지각할 수 있는 기본맛 가운데 짠맛을 내는 조미료로서, 인류가 이용해온 조미료 중 역사적으로 가장 오래되었다. 단맛이나 신맛은 대체할 수 있는 다른 물질이 있지만 짠맛은 소금 외에 다른 물질로 대체할 수 없다는 점에서 그 존재감이 더 크다고 할 수 있겠다.

유목 및 수렵 생활을 하던 원시 시대에는 육류나 물고기, 우유 등 자연물에 들어 있는 소금 성분을 섭취하였지만 농경사회가 되면서 소금을 따로 섭취할 필요가 생겨나고, 이에 기원전 6000년경부터 소금을 채취하여 사용하게 되었다. 하지만 소금은 구하기 어려워 귀하고 식품의 부패를 막고 변하지 않는 성질이 있다 하여, 단순한 음식이 아닌 고대국가의 종교의식에서 중요한 제물로 이용되었다. 그래서 중국, 이집트, 페르시아 등 여러 나라에서

▲ 인류는 기원전 6000년경부터 소금을 채취하여 사용하였다. 소금은 인간이 생명을 유지하는 데 있어서 반드시 필요한 무기질이다.

는 행정적으로 국가에서 소금의 생산 및 공급을 통제하였으며, 소금의 생산지인 해안이나 암염, 염호 등이 있던 장소는 소금을 다른 생산물과 교환하기 위해 사람들이 모여들면서 교역의 중심지가 되었고 점차 소금을 얻기 위한 국가 간의 교역로가 발달하게 되었다.

또한 소금을 화폐로 사용하기도 했는데, 고대 로마 시대에 군인이나 관리의 봉급을 소금으로 주었다고 한다. 샐러리맨의 '샐러리(salary)'는 라틴어의 '소금돈'을 뜻하는 '사라리움(salarium)'이 그 어원이다. 『성경』에서도 세상에서 가장 쓸모 있고 소중한 것을 '소금'에 비유했듯이 소금이 워낙 삶에 밀접하여 동서양을 막론하고 소금과 관련된 관용어나 단어가 많다. 샐러드(salad), 소스(sauce), 살사(salsa), 소시지(sausage), 살라미(salami) 등이 소금(salt)과 관계 있으며, 우리 속담에도 무슨 일이든 절대 일어나지 않는다고 장담할 수 없다는 의미의 '소금도 곰팡이 난다'나 어떤 결과도 반드시 그렇게 된 까닭이 있다는 의미의 '소금 먹은 놈이 물켠다' 등 다양한 관용적 표현이 있다.

우리나라에서도 시기는 정확히 모르지만 오래전부터 소금을 만들기 시작했는데 『삼국사기』 미천왕조나 『삼국유사』의 기록을 보면 삼국 시대에 이미 소금이 있었으며 공물로 사용되기도 하였다는 것을 알 수 있다. 우리나라는 주식이 곡물을 바탕으로 하기에 장이나 젓갈, 나아가 김치에 이르기까지 간간한 음식이 발달하였으며 이에 소금은 우리 식문화에 중요한 역할을 하였다. 우리나라는 주로 천일염을 생산하여 흰색의 소금이 주로 쓰이고 있다. 또 예로부터 소금의 정갈한 흰색과 부패와 변질을 막는 소독, 세척 등의 기능이 나쁜 기운이나 병을 막고 정화하는 효능이 있다고 믿어 민속의례에 소금이 사용되는 경우가 많았다. 주로 부정하고 탁한 기운을 없애준다고 하여 소금을 뿌리거나 곳곳에 두곤 했는데 이때 쓰이는 소금이 태양의 기운을 가득 품은 순수한 천일염이다.

소금의 분류

소금은 생산 방법, 생산지, 색에 따라 구분한다. 흔히 소금을 흰색으로 알고 있지만 사실은 나트륨과 염소가 동일한 비율로 결합되어 이루어진 무색 투명한 결정체로, 한 알 한 알은 투명하지만 여러 개가 모이면 빛의 난반사로 하얗게 보인다. 또한 암염이나 천일염 등은 지하에서 강한 압력에 의해 구조가 바뀌거나 다른 성분이 포함되어 빨강, 녹색, 핑크, 검은색 등 다양한 색상을 띨 수도 있다.

암염

세계에서 생산되는 소금량의 약 3분의 2는 '암염(巖鹽)'이다. 아주 오래전 원래 바다였던 장소가 지각 변동에 의해 육지에 봉쇄되어 수분이 증발하고, 염분이 결정화된 것으로 형성 시기는 5억 년 전부터 200만 년 전이라고 한다. 우리나라에는 없어 다소 생소하지만 소금을 육지에서 광물처럼 채굴하는 유럽, 몽골, 남미, 페르시아 등에는 암염이 있다. 솔트레이크(salt lake), 할슈타트(Hallstatt), 잘츠부르크(Salzburg. Salz가 소금, Burg는 요새란 의미), -wich, -wick, -wych, -wyke로 끝나는 영국 도시 등 소금에서 유래된 도시명이 많다. 최근에는 해양오염 때문에 천일염보다 오염되지 않은 암염이 더 인기가 있다.

천일염(sea salt)

바닷물에 들어 있는 염분에서 얻은 소금으로, 바람과 햇빛을 이용해 수분과 유해물질을 증발시켜 제조한다. 해수에서 소금을 제조하는 가장 첫 단계의 생산물로 간혹 간수가 완전히 제거되지 않으면 쓴맛이 날 수 있다. 아주 굵고 거친 상태의 소금으로 보통 김치를 만들기 위해 채소를 절이거나 장류를 담글 때 사용한다. 천일염은 해수를 사용하여 미네랄이 풍부하지만 최근 해양오염 때문에 미세플라스틱을 비롯한 유해물질에 대한 우려도 높아지고 있다.

꽃소금(재제염)

천일염을 물에 녹여 불순물을 제거하고 다시 가열해서 만든 소금으로 미네랄이나 불순물이 2% 이하로 적어 맛이 깔끔하다. 천일염에 비해 하얗고 입자가 눈꽃 모양 같다 하여 꽃소금이라고 한다.

식염/정제염(table salt)

식탁용 소금은 식료품점에서 판매되는 요리용 소금의 가장 일반적인 유형으로, 전기 장치를 이용해서 바닷물에서 염화나트륨만 분리해 만든 소금이다. 염화나트륨의 순도가 99%로 가장 색이 하얗고 위생적으로 정제된 장점이 있으나 미네랄이 모두 제거된다는 단점도 있다. 일반적으로 라면, 과자 등 다양한 가공식품에 사용된다.

맛소금

정제염에 화학조미료(MSG)를 섞은 흰색 소금으로 순수 소금이라고 하기보다는 화학 조미료의 한 종류로 보는 것이 더 맞다.

구운 소금

천일염을 죽통이나 토기 등을 이용해 다양한 방법으로 굽거나 볶아서 만든 소금으로 천일염에 열을 가하고 남은 유해성분이나 불순물을 제거한 소금으로, 몸에 좋은 미네랄이 남아 있는 장점이 있다. 또한 제조 과정에서 짠맛과 쓴맛이 약해져 훨씬 부드러운 맛이 되며 연한 회색을 띠는 경우가 많다. 요리뿐만 아니라 구강세척, 세안 등 민간요법에 많이 사용된다.

코셔 소금(kosher salt)

코셔 소금은 덜 정제된 거친 암염의 일종으로 요오드가 함유되지 않은 거의 순수한 염화나트륨이며 알갱이가 크기 때문에 요리보다는 육류나 채소의 조리에 주로 사용한다.

플뢰르 드 셀(fleur de sel)

플뢰드 드 셀은 프랑스어로 '바다의 꽃'이라는 뜻으로, 프랑스 해안에서 생산되는 고급 소금이다. 염전 표면에 꽃처럼 떠 있는 흰 소금을 손으로 채취한 것으로 미네랄이 풍부하고 맛은 섬세하고 부드러운 짠맛과 짠맛 뒤에 오는 감칠맛 나는 단맛, 촉촉한 촉감 등이 특징이다.

핑크 솔트(pink salt)

히말라야산으로 유명한 핑크 솔트는 사실 히말라야산이 아닌, 파키스탄의 펀자브 지역의 알렉산더 대왕 이전부터 소금 공급원이 되어온 (고대에는 바다였던) 해발 250m의 케와라(Khewra) 소금 광산에서 채굴되는 암염이다. 주로 나트륨과 철 및 아연을 포함한 기타 산화철에 포함된 미량의 불순물에 의해 핑크색을 띤다. 핑크색 소금은 히말라야 외에 고대 잉카 시대부터 소금을 채취하던 안데스 산맥의 페루 마라스(Maras)의 소금 밭과 호주 머레이 강에서도 채취된다. 다만 호주의 핑크 소금은 다른 지역과는 달리 천일염으로, 주변 해조류의 캐로틴 색소에 의해 진하고 산뜻한 오렌지빛의 핑크색으로 물들게 된 경우로 미네랄이 충부하다. 핑크 솔트는 부드러운 맛과 핑크색이 가진 매력에 힘입어 더욱 인기와 관심을 끌며 오랜 기간 유행을 하고 있다.

붉은 소금(red salt)

붉은 소금 또는 '알레아(alaea) 소금'은 하와이에서 생산되며, 80가지 이상의 미네랄과 산화철이 풍부하다. 하와이 섬의 붉은 화산 점토의 웅덩이에 고인 해수가 증발하며 생기는 벽돌색 소금으로, 부드러운 짠맛과 섬세한 맛이 고기와 생선을 조미하고 보존하는 데 적합하며, 특히 흰색 접시에 뿌려 요리에 약간의 색을 더하거나 소테 및 로스팅에 좋다.

블루 솔트(Persian blue salt)

블루 솔트 또는 페르시아 푸른 소금이라 부른다. 독특하고 희귀한 암염으로 이란 산맥은 세계에서 유일하게 푸른 소금이 나는 곳이다. 페르시안 블루 솔트는 1억 1000만 년 전에 수분이 증발된 고대 바다에 의해 형성된 소금이 지하에 있다가 지각판의 움직임에 의해 이란 산맥과 함께 융기되어 소금 광맥이 드러나게 된 것으로, 매몰된 고대 바다에서 채굴된 것이기 때문에 미네랄이 풍부하고 매우 깨끗하고 현대의 환경오염이나 오염 물질에 노출되지 않은 순수한 소금이다. 푸른 소금의 파란색은 지하에서 강한 압력에 의해 압축되어 소금 구조가 단단한 결정 구조로 변하면서 자연적으로 띠게 된 색이다. 그 아름다움에 '식용 사파이어'라고 불리기도 한다. 맛은 매콤한 맛을 내며 육류 요리에 어울린다.

흑염(black salt/Kala namak)

파키스탄 히말라야산 화산암에서 채취한 암염을 유황과 퇴적암 등을 섞어 가마에서 구운 소금으로 칼라나막염이라고도 한다. 덩어리일 때는 갈색, 분홍색, 짙은 붉은 보라색 등의 색을 띠고 분말로 분쇄하면 보라색에서 분홍색까지 색이 다양하다. 이 소금은 철, 마그네슘, 칼슘뿐만 아니라 각종 미네랄이 풍부하고 황산화 성분이 있으며 유황의 독특하고 자극적인 향과 맛이 있어 카레, 향신료 요리, 피클 등 강한 풍미와 향을 가진 요리에 소량으로 사용한다.

검은 용암 소금(black lava salt, Cyprus black salt)

검은 소금은 하와이와 지중해의 사이프러스 섬에서 수확되며, 천일염에 활성탄을 침전시켜 만든 소금이다. 원래는 온천, 강, 화산 등 지역적 특징에 의해 자연적으로 생성된 것을 채취하였지만 요즘은 인공적으로 만드는 경우가 많다. 하와이안 검은 용암 소금은 하와이 섬 주변의 태평양에서 수확한 천일염과 용암에서 추출한 코코넛 껍데기의 활성탄으로 만든 윤기 나는 검은색 소금이다. 예로부터 숯은 몸을 정화하고 미네랄을 제공하며 소화를 돕고 황산화 성분이 강력한 해독제 역할을 하였다. 코코넛 껍데기 숯은 은은한 스모키한 향과 흙냄새와 같은 풍미를 내며 소금의 맛을 더욱 깊게 한다.

가미된 다양한 소금(flavored salts)

다양한 맛을 가미한 소금은 음식의 풍미를 향상시키기 위해 고안된 소금이다. 소금에 말린 향신료 또는 허브를 조합하여 재료에 따라 색도 맛도 다양하다. 레시피에 약간의 풍미를 더하고 싶을 때 매우 편리하다.

+ 친숙한 식품들의 색 이야기 3 : 설탕

'설탕(雪糖)' 하면 한자 그대로 '눈 설(雪)'에 '엿 당(糖)', 눈같이 하얀 달콤한 가루라는 뜻이기에, 흔히 흰색 가루를 떠올린다. 우리가 일반적으로 '설탕'이라고 하는 것은 감미료로 많이 쓰이는 대표적인 이당류의 일종으로, 분야에 따라 다른 말로 자당(蔗糖), 슈크로스(sucrose), 사카로스라고 한다. 그리고 넓은 의미로는 포도당, 과당, 맥아당, 유당, 갈락토스 등과 같은 당류도 모두 '설탕'이라고 한다. 설탕은 우선 사탕무나 사탕수수에서 설탕 주스를 추출하여 만들어지며, 설탕을 결정화 및 건조하는 과정에 따라 결정의 크기, 색상 등이 다양하게 만들어진다.

원시 인류에게 첫 감미료는 아마도 꿀, 달콤한 나무수액, 과즙 등 자연에서 그대로 얻을 수 있는 것이었을 것이다. 인류가 언제부터 설탕을 제조하기 시작했는지 정확한 기록은 없지만 '설탕(sugar)'이란 단어가 산스크리트어 'sharkara'로부터 유래되었다

고 추정되고 있듯, 수천 년 전부터 인도를 비롯한 동양에서는 사탕수수로부터 얻은 설탕을 이용하고 있었다고 한다. 이후 약 기원전 800년경에는 중국과 페르시아에 전해지고, 기원전 400년에 알렉산더 대왕에 의해 사탕수수가 지중해 연안과 아프리카로 전해졌으며, 12세기 십자군 전쟁에 의해 프랑스로, 그리고 15세기 스페인과 포르투갈에 의해 세계 각지에 사탕수수 재배가 퍼져나갔다. 유럽은 로마나 그리스는 물론 중세기에 이르기까지 설탕을 수입해 사용하였고, 중동이나 인도 등지에서 교역을 통해 조달할 수 있는 양이 한정되어 있었기 때문에 설탕은 특정 계급의 사람이나 맛을 볼 수 있는 아주 귀한 음식이었다. 그러다 15세기 이후부터 아프리카, 서인도제도 섬들과 미대륙 일대의 유럽 식민지에서 대규모 농장인 '플랜테이션(plantation)'을 조성했고, 흑인 노예들을 이용해 사탕수수를 재배하기 시작했다. 18세기에는 사탕수수보다 효율이 좋고 추운 지방에서도 재배가 가능한 사탕무에서 설탕을 추출하는 방법을 개발하여 설탕의 생산량은 급속도로 증가했다. 현재 설탕 생산 국가를 생산량에 따라 10위까지 보면, 브

◀ 설탕은 사탕무나 사탕수수에서 설탕 주스를 추출하여 만들어지며, 설탕을 결정화 및 건조하는 과정에 따라 결정의 크기, 색상 등이 다양하게 만들어진다.

라질이 연간 약 3,500만 톤으로 1위, 2위가 근소차로 인도, 3위가 EU(유럽연합), 4위가 태국, 5위가 중국, 그 후로 미국, 파키스탄, 러시아, 멕시코, 호주순으로 많다. 특히 호주 설탕의 약 80%가 인도네시아, 일본 및 한국으로 수출되고 있다.

우리나라가 언제부터 설탕을 먹었는지에 관한 정확한 기록은 없고 삼국 시대 이전부터 먹었다는 설도 있지만, 12세기 말 고려 명종 때 이인로가 쓴 『파한집(破閑集)』에 송나라로부터 수입되었다는 현존하는 가장 오래된 기록이 있다. 우리나라는 곡류를 주식으로 하여 단맛에는 곡류를 엿기름으로 삭혀 만든 조청(造淸)을 주로 사용하였다. 자연에서 얻는 꿀을 청(淸)이라 하는데 조청(造淸)은 인공적으로 만든 꿀이라는 의미이다.

최근에는 설탕의 유해성을 이유로 자일리톨, 알룰로스, 에리스리톨, 스테비아 등 다양한 형태의 대체 감미료가 개발되고 있다. 설탕으로 대표되는 단맛은 오래전부터 인류와 함께하며 새로운 설탕을 발견해가며 발전해왔다고 할 수 있겠다.

흰색과 갈색, 색에 따른 설탕의 분류

정백당, 정제설탕, 백설탕(White Sugar, 白雪糖)

사탕무 또는 사탕수수를 원료로 만든 설탕이며 원당에서 불순물과 색소를 제거한 순도 약 100%의 자당으로, 맛이 깔끔하고 광택이 있어 과자, 사탕, 음료수 등 가공식품에 사용된다.

그래뉴당(granulated sugar)

시럽을 결정화해 고운 입자로 만든 일반적으로 가장 많이 쓰이는 설탕으로 백설탕보다 순도도 높고 물에 더 잘 녹아 주로 차에 곁들이거나 잼이나 제과 장식용 제작에 사용된다.

흑설탕(黑雪糖, black sugar, unrefined sugar)

갈색설탕과 백설탕은 원심분리기를 이용해 '당밀'과 '원당(crude sugar)'으로 분리하는 정제 과정을 거치는데 흑설탕은 사탕수수를 짜낸 즙에서 침전된 불순물만 제거하고 당밀과 함께 즙 그대로를 사용해 결정 형태로 만든 설탕이다. 농후한 단맛과 강한 풍미가 있으며 철분과 미네랄이 풍부하다. 정제되지 않은 흑설탕은 정제 설탕에 비해 가격이 비싸, 흑설탕으로 유통되는 설탕 중에는 정제 설탕에 시럽이나 카라멜 색소를 넣거나 고열로 가열해 색을 입힌 설탕이 많다.

비정제로 생산된 흑설탕은 일본 오키나와산 '흑당(黑糖)'이나 필리핀에서 생산된 마스코바도(mascobado) 등이 유명하다.

갈색설탕(brown sugar)

원래는 일부만 정제하여 잔류 당밀에 의해 또는 정제한 흰 설탕에 당밀을 첨가하여 부드러운 갈색을 띠는 설탕이지만, 판매되는 갈색설탕의 경우 정제한 흰 설탕이 정제 과정을 반복하여 거치면서 열이 가해져 황갈색을 띠게 된 설탕(삼온당, 三溫糖)이 대부분이다. 백설탕에 비해 캐러멜향 같은 특유의 풍미와 감칠맛이 있어, 과자나 빵, 조림요리를 만들 때 많이 사용된다. 갈색설탕은 정제를 했다는 점이 흑설탕과 큰 차이점이라고 할 수 있겠다. 중국이나 타이완에서 생산되는 홍설탕(紅雪糖) 또는 적설탕(赤雪糖)은 부분 정제된 갈색설탕의 한 종류로 붉은색이 난다 하여 적설탕이라고 한다.

형태에 따른 설탕의 분류

각설탕

결정화한 일반 설탕을 축축하고 뜨거운 상태에서 틀에 넣어 건조해 입자들이 뭉친 형태를 지니고 있으며 각이 서 있거나 둥글한 덩어리로 된 경우 등 모양은 다양하다. 흰색 각설탕이 일반적이며 차를 마실 때 넣거나 설탕 시럽이나 캐러멜을 만들 때 적합하다. 흰색 외에도 사탕수수로 만든 황갈색, 원당으로 만든 갈색 등이 있다.

얼음 사탕/설탕(rock candy/rock sugar), 빙당(氷糖)

포화된 설탕용액을 결정화하여 만든 설탕으로 얼음처럼 보이는 큰 덩어리 사탕으로 그대로 먹을 수 있다. 녹는 데 시간이 걸려 과실 성분이 알코올액에 잘 추출되게 하는 특징이 있어 과일주를 만드는 데 가장 적합하며, 샴페인 제조 시에도 사용한다. 투명한 것이 가장 일반적이나 원당으로 만든 갈색이나 캐러멜 시럽이나 색소를 넣은 것도 있다.

시럽, 액상 설탕

일반적으로 설탕을 용해시켜 만든 진득한 액체를 뜻하는데 무색 또는 호박색의 투명한 용액이다. 요즘 인슐린 문제나 과잉행동증후군을 유발한다고 논란이 된 설탕은 '액상과당'으로, 설탕으로 만든 '액상시럽'과는 재료나 제조 공정이 다른 물질이다. 1950년대 중반 미국의 한 식품연구소(CCPC)에서 옥수수에서 추출한 액상과당(HFCS, High Fructose Corn Syrup, 고과당 옥수수 시럽)을 개발했는데 설탕보다 더 달면서 가격은 훨씬 쌌다. 액상과당은 탄산음료를 비롯한 각종 음료수와 과자, 잼, 통조림 그리고 우리가 요리에 많이 사용하는 물엿 등 거의 모든 가공식품에 사용되고 있으며 현재에는 과잉 섭취 등으로 건강에 유해하다는 문제가 제기되고 있다.

달콤한 음식이 심리적으로 안정감과 행복감을 주는 것은 부정할 수 없다. 실제로 단맛은 뇌에서 보상이나 동기부여에 관련된 쾌락 중추를 활성화하여 심리적 안정감을 주는 신경전달물질인 세로토닌을 분비시킨다고 한다. 그래서 사랑을 고백하거나 축하해야 할 일이 있거나 중요한 입시를 치르거나 할 때 엿, 떡, 초콜릿, 약식, 케이크 등 우리를 행복하게 하는 달콤한 음식을 나눈다.

인간의 뇌는 체중의 2%에 불과하지만, 몸 전체 에너지의 15~20%를 사용하며, 혈액 중의 탄수화물(포도당)만을 에너지원으로 이용한다. 이렇듯 인간은 생물학적으로 당을 효율적으로 섭취하며 진화하고 생존했으며 그런 이유에서 '단맛'의 유혹에 약하다.

예전에는 단것이 부족하고 귀해서 괜찮았는데 너무 흔해진 요즘에는 건강을 위협하는 정도까지 섭취하는 '단맛 중독' 상태까지 왔다고 경고하는 의견들이 많다. 인류의 지나친 단맛 사랑은 세월에 따라 '사카린—액상과당—대체감미료' 등 지탄받는 대상만 바뀔 뿐 늘 문제점을 안고 가는 것 같다. 그러니 가능한 한

비정제되어 식품의 개성이 느껴지는 단맛을 섭취하고, 가공식품의 성분 정보를 확인하여 섭취량을 조절하는 등 의식적으로 건강하게 단맛을 즐기기 위한 노력이 필요하다.

+ 친숙한 식품들의 색 이야기 4
: 쌀

한반도 일대에서 발견되는 탄화미(炭火米)의 연대가 약 5000년~1만 3000년 이전인 것으로 보아 우리 민족은 오래전부터 쌀을 식량으로 먹었을 것으로 추정된다. 본격적으로 쌀을 주식으로 삼은 것은 통일신라 시대로, 이때부터 수원 강화, 재배법 개량, 경지 면적 확대 등 노력을 하였으나 생산량은 늘 부족했다. 그래서 잡곡을 섞어 먹거나 했는데 귀한 쌀을 대담하게 도정하여 쌀겨층과 씨눈[胚芽]을 완전히 제거한 하얀 쌀밥은 특별한 날이나 신분이 귀한 사람만 먹을 수 있었다. 하지만 식량이 풍부해진 요즘은 껍질층에서 많은 영양분을 깍아낸 하얀 쌀밥은 오히려 건강에 안 좋다 하여 잡곡을 섞거나 현미, 흑미, 녹미, 홍미 등 유색미(有色米)를 먹는 경우가 늘었다. 유색미는 고대부터 재배했던 자생종으로 흑미, 홍미, 녹미 모두 우리나라 재래종을 개량한 것이다. 이들 쌀은 예로부터 내려오는 야생의 특징을 계승한 토종쌀이라는 의미로 '고대미(古代米)'라고 부르기도 한다. 한때 낮은 수확률이나 재배의 어려움으로 재배를 안 하여 맥이 끊어지게 되었는데 최근에 품종 개량과 연구로 재배에 용이하고 수확률도 좋은 유색미를 개발하게 되었다. 또 재배 방법에 있어서도 화학제품을 사용하지 않는 자연재배 방식을 연구하여 적용하며 재배하는 등 색다른 식재료에 대한 관심과 우리 문화유산을 지키려는 노력에 의해 계속 개발되고 있는 중이다.

대부분의 유색미는 벼의 과피, 즉 겨의 색이 유색미의 색으로, 현미로 도정하는 과정에서 색을 남기게 된다. 예를 들어 흑미는 검붉은 낟알, 홍미는 붉은 낟알로, 벼가 익으면 흑미를 심은 논은 일반 벼와 같은 황금빛 물결이 아니라 검붉은 물결의 광경을 연출할 것이다.

영어로 현미를 'brown rice'라고 한다. 현미(玄米)는 벼를 도정하여 왕겨와 겨층을 제거한 쌀이다. 백미에 비해 겨의 누런 색이 남아 있어 brown rice라고 하며, 현미의 한자 '현(玄)'은 '어두운', '짙은'이라는 의미가 있다. 현미는 백미에 비해 식감은 좀 거칠지만 도정이 덜 되는 만큼 영양분의 손실이 적어 지방, 단백질, 비타민B1과 B2 그리고 식이섬유가 풍부하다.

1930년대 일제가 조사한 우리나라 토종벼는 300~500여 종에 이르렀다고 한다. 일제 시대를 지나며 대부분의 토종벼들은 재

▲ 쌀에도 다양한 종류가 있다. 대부분의 유색미는 벼의 과피, 즉 겨의 색이다.

배의 어려움, 품종 개량 등의 이유로 많이 소멸되었으나 궁중에 진상되었던 이천의 '자채미(紫彩米)'와 김포의 '자광미(紫光米)'는 해방 이후에도 극 소량이지만 재배가 이어졌다. '자채미(紫彩米)', 자광미(紫光米) 모두 유색미의 일종으로 이름 그대로 쌀이 엷은 자색(紫色)을 띤다 하여 붙여진 이름이며, 자색보다는 색이 연하고 밝은 적갈색을 띤 것이 홍미(紅米)에 가깝다. 맛은 끈기가 있고 구수한 향기가 있다고 한다.

홍미는 쌀눈이 다른 쌀보다 커서 우리 몸에 좋은 가바 성분이 현미의 8배, 흑미의 4배가량 있으며, 폴리페놀 성분의 일종인 '타닌'이 풍부하다. 타닌은 탁월한 항산화 효과가 있는 성분으로 활성산소 제거, 노화방지, 알카로이드와 니코틴 같은 유독성분의 배출 촉진, 해독 작용 등에 효과적이다.

흑미는 고대미 중의 하나로 고대 중국에서는 약재로 즐겨 먹었다고 한다. 우리나라는 한때 맥이 끊겼던 토종미를 1980년대부터 육종개발, 제품개발, 성분조사, 재배기술 등의 연구 끝에 1990년대부터 본격적으로 재배를 하기 시작하였으며 지금은 일반 가정이나 음식점에서도 백미보다 자주 볼 수 있을 정도로 보급되었다. 자색 색소인 안토시아닌이 검게 보일 정도로 풍부해, 건조된 상태에서는 짙고 검은 자색을 띠어 '흑미', '검정쌀', '검은 진주'라고 하는데 물에 불리면 수용성 색소인 안토시아닌이 녹아

나와 밥이 보라색이 된다. 항산화 작용, 항암, 항궤양 등의 효과가 있는 안토시아닌을 검은콩보다 4배 이상 함유하고 있으며 비타민 B군을 비롯하여 철, 아연, 셀레늄 등의 무기염류도 풍부하여, 영양분이 일반 쌀의 5배 이상이 되고, 밥맛도 좋아 건강에 대한 관심 급증에 힘입어 빠른 속도로 보급되었다.

녹미(祿米)는 초록색을 띤 쌀로 네팔과 라오스 등 동남아시아 국가에서는 많이 재배되고 있지만 우리나라에서는 재배하는 곳이 별로 없어 국내산은 극히 생산량이 적다. 현미의 껍질 부분에 녹황색 채소와 같은 엽록소(클로로필)가 포함되어 있어 초록색이다. 클로로필은 황산화 효과도 뛰어나며 중성지방 및 콜레스테롤을 억제하고, 마그네슘, 아연 등의 영양소도 함유하고 있어 건강식품으로 주목을 받고 있다.

+

친숙한 식품들의 색 이야기 5 : 고기

인간은 다양한 종류의 육류를 섭취한다. 육류는 색을 기준으로 붉은(또는 dark) 살코기와 흰 살코기로 나눈다. 붉은 고기는 주로 포유류의 고기로 흰 고기보다 철분과 단백질이 풍부하다. 붉은 살코기의 예로는 소고기, 돼지고기, 양고기, 염소고기 등이 있다. 흰 살코기는 닭, 칠면조, 오리, 거위와 같은 조류의 고기가 대부분이다.

고기의 색은 동물의 근육에 함유된 미오글로빈(myoglobin)의 양에 따라 흰색 또는 붉은색으로 분류되는데, 미오글로빈은 고기가 산소에 노출되었을 때 붉은색을 띠는, 고기에 들어 있는 단백질이다. 미오글로빈 함유의 차이는 운동량에 의해 좌우되는데, 운동량이 많으면 그만큼 산소 요구량도 많아지고 혈액 내 산소 운반에 중요한 역할을 하는 붉은색 혈색소인 미오글로빈 함량이 높아지니 당연히 살이 더 붉은색을 띠게 되는 것이다. 따라서

▲ 고기의 색은 동물의 근육에 함유된 미오글로빈의 양에 따라 흰색 또는 붉은색으로 분류된다.

흰 살코기인 조류와 생선은 붉은 살코기보다 미오글로빈이 현저히 적다. 또한 연령과 부위에 따라 미오글로빈의 함량이 달라 고기의 색이 다른데, 송아지보다 노령소의 고기가 미오글로빈을 많이 포함하고 있으며, 부위는 운동을 위해 산소를 많이 소비하는 부위, 즉 움직임이 많은 부위가 미오글로빈의 함유량이 많다.

한편 우리는 선홍빛의 고기가 신선하다고 생각하는데 원래 갓 도축한 생고기는 2가철을 포함한 환원형 미오글로빈(Mb)에 의해 짙은 검붉은색이다. 미오글로빈이 공기에 닿으면 산소 분자가 결합하여 산화형(옥시미오글로빈: MbO_2)이 되어 우리에게 익숙한 고기색인 선홍색이 된다. 이 미오글로빈에서 옥시미오글로빈이 되어 색이 밝고 맑게 변하는 현상을 '혈색이 돌다'라는 의미의 블루밍(blooming)이라고 한다. 옥시미오글로빈의 상태로부터 한층 더 산화가 진행되어, 2가철이 3가철이 되는 메트화로 메트형(메트미오글로빈: MetMb)이 되는데 이러면 고기의 색이 갈색으로 변한다. 냉장고에 넣어두었던 진공포장된 고기가 갈변된 것을 본 적이 있을 것이다. 진짜 상한 것이 아닌 이상, 포장을 뜯고 잠시 놔두면 산소에 노출되어 다시 선홍색으로 돌아온다.

또 가열에 의해서도 메트화가 진행되는데 고기를 구우면 갈색이 되는 것은 바로 이 현상에 의한 것이다. 햄, 소시지 같은 육류가공품은 만들 때 고온의 열처리를 하므로 갈색이 되지만 변질

된 것으로 착각할 수도 있고, 미적으로도 좋게 보이게 갈변을 방지하는 질산염이나 아질산염 같은 발색제를 사용하여 우리가 아는 분홍색의 햄과 소시지로 만든다.

흰 살코기는 생고기일 때는 반투명한 '유리질'인데 익히면 단백질이 변성되고 재결합하거나 응고되어 고기가 불투명해지고 하얗게 된다. 신선도가 좋은 닭고기는 투명감이 있는 깨끗한 분홍색으로 그 정도는 닭의 종류나 부위에 따라 미묘하게 다르다. 신선한 고기는 살이 투명해 보이는데 반대로 신선도가 좋지 않은 고기는 살이 허옇게 혼탁해 보인다. 닭고기는 부패하기 쉬운 육류로서 저장, 유통 중 취급에 각별한 주의가 필요하다. 닭고기가 소고기, 돼지고기에 비해 백색 근섬유 비율이 높고, 인지질과 불포화지방산이 많아 유통기한이 짧기 때문이다. 또 보관하다 보면 '드립'이라고 하는 붉은색 육즙이 새어 나올 수 있는데 선도도 떨어지고 조리 시 불쾌한 냄새의 원인이 되므로, 키친페이퍼 등으로 닦아내고 조리하는 것이 좋다.

돼지고기를 종종 '흰 살코기'라고 하는 경우가 있는데 돼지의 근육에는 미오글로빈이 소고기만큼 농도가 높지 않아 소고기와 비교하여 '흰 살코기'라고 한다. 닭도 근육의 움직임이 많은 다리의 경우는 다른 부위보다 붉은색을 띤다. 육류의 색과 맛에 있어서 붉은색 고기는 감칠맛이 좋아 치킨에서 적당한 운동으로 쫄

깃하기까지 한 닭다리는 인기가 있을 수밖에 없다.

앞에서 붉은색 고기는 거의 포유류의 고기라고 했는데 사실 생선도 붉은 살 생선과 흰 살 생선이 있다. 육질의 색에 따라 서식지, 먹는 시기, 조리법, 맛의 특징, 영양분 등이 다른데 붉은 살, 흰 살로 나누는 기준은 엄밀하게는 색소 단백질인 미오글로빈의 함량(100g당 10mg 이상이면 붉은 생선, 이하면 흰 생선)에 의해 구별한다. 일반적으로 붉은 살 생선은 대체로 얕은 바다에 서식하며 무리를 지어 바다 속을 이동하는 회유어같이 움직임이 많고 민첩한 다랑어, 정어리, 꽁치, 고등어 같은 어류로 맛이 진하고 비린 맛이 있으며 가열하면 육질이 단단해진다. 건강에 좋은 불포화지방이 100g당 5~17g으로 많아 붉은 생선류를 오일 피시(oil fish)라고도 한다. 지방이 많아 부패와 알러지를 유발하기 쉽고 선도를 유지하기 어려워 염장법이 발달되었으며 기름기가 있어 구이나 찜으로 먹으면 더욱 맛있다. 영양분은 지방 함량이 높아 흰 살 생선에 비해 열량이 높지만 그로 인해 혈관과 뇌 건강에 좋은 EPA, DHA 같은 오메가3 성분 및 타우린, 철분 등 영양이 풍부하다. 흰 살 생선으로는 깊은 곳에 서식하며 넙치나 광어같이 보호색으로 주위에 은신하거나 복어같이 치명적인 가시를 가지고 있는 순간적인 민첩성은 좋으나 운동량이 적은 어류가 많다. 바다 생선으로는 대구, 명태, 조기, 가자미, 광어, 도미, 우럭, 복어 등이

▲ 붉은 살 생선은 지방 함량이 높고 영양분이 풍부하며 흰 살 생선은 비린 맛이 적고 담백하다.

있으며, 민물 생선으로는 은어, 잉어, 붕어가 있다. 지방 함유량이 100g당 0.6~2g으로 적어 비린 맛이 적고 맛이 담백하며 가열하면 살이 부서지는 경향이 있어 회나 탕으로 많이 먹는다. 이러한 육질에 따른 차이에 따라 가공품도 달라져, 붉은 살 생선은 가다랑어(가츠오), 멸치같이 감칠맛 나는 국물을 내는 데 주로 쓰이며, 흰 살 생선은 살이 잘 부서지지만 맛이 담백하여 어묵이나 전의 재료로 주로 사용된다.

그리고 연어나 송어 같은 연어과 생선은 육질이 연주황색으로 붉은색이지만 분류하자면 흰 살 생선에 포함된다. 이 경우는 육질이 붉은 이유가 붉은 살 생선같이 미오글로빈의 함량이 높아서가 아니라 새우나 게에 포함된 카로테노이드의 한 종류인 아스타크산틴에 의한 것으로 먹이인 크릴 등에 의해 붉은색을 띠며, 먹이에 아스타크산틴이 포함되지 않으면 살 색이 하얗게 된다고 한다.

이와 같이 먹이와 서식지에 따라 고기의 색이 다른 것을 알 수 있는데 우리가 생선을 구분할 때 흔히 말하는 '등푸른 생선'의 경우 앞에서 말한 붉은 살 생선이 대부분 등푸른 생선에 해당된다. 등푸른 생선은 바다 수면 가까이에 있는 경우가 많아 바다의 푸른 물결과 빛의 반사에 눈에 잘 띄지 않기 위해 푸른 등과 반짝이는 은색의 몸을 가지게 되었다.

음식을 맛있게 만드는 갈색, 마이야르 반응

맛있게 구워진 쿠키와 빵, 구수한 누룽지, 달콤한 달고나, 지글지글 잘 익고 있는 빈대떡, 고소한 스테이크, 진한 커피까지, 이 모든 것의 공통점은? 맞다. '맛있다!'이다. 그런데 이 '맛있다'에는 비밀이 있다. 바로 마이야르 반응(Mailard reaction)이다. 아미노산과 환원당 사이의 화학 반응으로 갈색 색소인 '멜라노이딘'이 생성되는 마이야르 반응은, 조리 과정 중 음식의 색이 갈색으로 변하면서 특별한 풍미가 나타나는 일련의 화학 반응을 일컫는다. 그렇다. 우리가 빵이나 고기를 굽거나 하면 연갈색이 되며 고소한 냄새를 풍기며 군침이 돌게 하는 그 행복한 자극이다. 간장도 원료 유래의 포도당과 아미노산이 제조 과정에서 가열되는 것으로 마이야르 반응에 의해 특유의 향이 발생한다. 가열 온도와 당과 아미노산의 조합에 의해 다양한 향기가 발생하는데 대체로 고소하거나 달콤한 향으로 탄 냄새, 캐러멜 냄새, 견과류 냄새, 빵 굽는 냄새, 초콜릿 냄새, 여기에 곰팡이 냄새, 제비꽃 냄새, 라일락꽃 냄새까지 다양한 향기를 일으킨다. 즉 마이야르 반응은 음식이 '맛있어지는 반응', '맛있어진 상태를 알려주는 신호'라고도 할 수 있겠다. 이 반응은 1912년 프랑스 화학자 루이스 카미유 마이야르(Louis Camille Maillard)에 의해 발견된 화학 반응으로 그의 이름을 따서 명명되었다.

대부분의 식재료는 열로 조리를 하면 '갈색'으로 변화하게 되는데, 가열에 의한 갈색화의 원인은 '캐러멜화 반응'과 '마이야르 반응'으로 일어난다. 이 두 가지는 조리 중 동시에 일어나는 경우가 많고 우리가 '맛있어 하는' 현상이어서 약간 헛갈리지만 같은 현상은 아니고 살짝 다르다. 가장 뚜렷한 차이점은 마이야르 반응은 아미노산과 단백질에 의해 일어나고, 캐러멜화는 설탕을 산화시키는 과정으로 설탕이나 탄수화물 즉 '당(糖)'만 필요하다는 것이다. 그리고 캐러멜화에는 설탕을 녹여야 하니 열이 필요한데, 마이야르 반응은 간장과 같이 실온에서도 발생하는 경우도 있어 꼭 열이 필요하지는 않다. 다만 그럴 경우 시간이 오래 걸린다. 마이야르 반응과 캐러멜화, 이 맛있어지는 두 가지 반응을 같이 일어나게 하면 당연한 말이지만 더욱 맛있게 느껴진다. 예를 들어 빵에 버터를 넣거나, 고기에 바비큐 소스나 간장과 같이 당분이 들어간 양념을 첨가해 요리하면 더욱 맛이 좋아진다. 그 콜라보의 결정체는 숯불향과 같이 구어지면 맛이 더욱 증폭되는데 이것이 양념갈비, 장어구이 등에 우리가 빠질 수밖에 없는 이유라고 할 수 있겠다.

왜 마이야르 반응은 사람들이 맛있다고 느끼게 할까? 마이야르 반응은 음식을 더욱 매력적으로 만든다. 이것은 아마도 궁극적으로는 인류가 생존을 위해 더 소화하기 쉽고, 세균이나 독

성을 제거하여 안전하며, 그리고 더 많이 영양분을 섭취하기 위해 진화한 결과라고 할 수 있겠다. 그래서 그런 상태를 알려주는 마이야르 반응 특유의 시그널에 식욕을 느끼고 더 선호하면서 살아남아 여전히 본능적으로 맛있다고 느끼는 것이라고 볼 수 있겠다. 그런데 마이야르 반응을 선호하는 인간의 습성으로 인한 단점도 있다. 마이야르 반응에 의해 생겨나는 아크릴아마이드(acrylamide)는 발암성(發癌性) 물질로, 2005년에는 FAO(유엔식량농업기구)와 WHO(세계보건기구)로 구성된 합동위원회가 "식품 중 함유되어 있는 아크릴아마이드는 건강에 해를 끼칠 우려가 있어 함량을 줄여야 한다"고 권고하였다. 이후에도 다양한 연구에서 발암성, 당뇨 유발 등 유해성이 확인되어, 너무 태우거나 하는 조리법에 유의하고 섭취량에 주의하여 현명하게 섭취할 것을 권장하고 있다.

◀ 마이야르 반응은 음식이 맛있어진 상태를 알려주는 신호와도 같다. 하지만 마이야르 반응으로 발생하는 아크릴아마이드는 건강에 해를 끼칠 우려가 있어 주의가 필요하다.

스테이크의 굽기 정도와 색: 피가 아니야

간혹 스테이크를 썰면 흘러나오는 붉은 것을 볼 수 있는데 우리는 이것을 피라고 생각하고 고기가 덜 익었다고 오해하는데 사실 이것은 피가 아니다. 피는 도축 과정에서 거의 제거되며, 동물이 죽은 후 빠르게 응고되어 걸쭉하고 검게 변하며 맛과 향이 다르다. 알다시피 선짓국의 선지가 실제 혈액이다. 이 익힌 스테이크에서 나오는 붉은 액체는 앞에서 얘기한 근육에 산소를 운반하는 붉은색의 미오글로빈이라는 단백질이다. 붉은색 물은 피가 아니라 60도 이하에서 가열된 고기 내부에 있던 미오글라빈이 산소에 접촉하여 붉게 된 것으로 단백질과 수분으로 구성된 육즙이라고 할 수 있다. 고기가 60도 이상에서 가열되어 완전히 익으면 미오글로빈의 색이 바뀌며 고기는 연한 회갈색으로 된다.

실제로 스테이크 하우스에서 주문할 때 요청할 수 있는 6가지의 익힘 정도

① **블루 레어(blue rare=extra rare)**: 내부 온도 약 46℃. 거의 생고기에 가까운 상태의 스테이크를 '블루 레어'라고 하는데 블루레어 스테이크의 고기가 차가

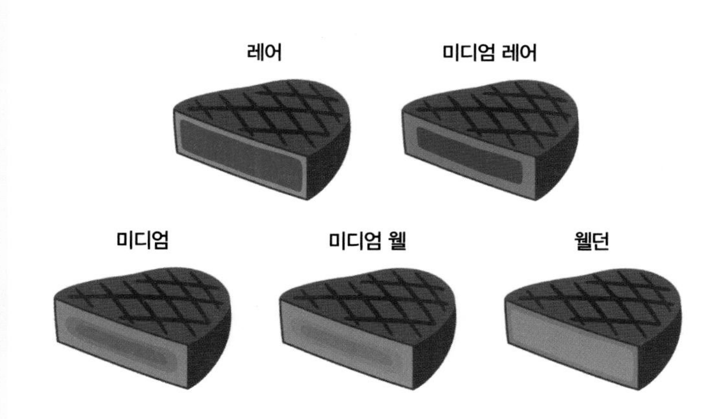
레어
미디엄 레어
미디엄
미디엄 웰
웰던

운 경우가 많고, 고기를 갓 잘랐을 때 생고기가 푸르스름하게 보라색 빛이 난다고 해서 blue가 붙게 되었다. 표면만 그을리고 내부는 많이 익히지 않은 상태여서 육회와 같이 쫄깃한 식감이다.

② **레어(rare)**: 내부 온도 약 50℃. 레어 스테이크는 안쪽의 살코기가 선명하고 밝은 빨간색으로 표면뿐만 아니라 외부도 약간 갈색으로 익힌 상태로 고기는 생고기처럼 부드럽고 탄력이 있다. 안심같이 약간 지방이 없는 부위에 적합하다.

③ **미디엄 레어(medium rare)**: 내부 온도 약 55℃. 가장 인기 있는 익힌 정도인 미디엄 레어는 바깥쪽에는 멋진 갈색 크러스트가 있고 가운데는 따뜻하다. 안쪽 살코기는 가운데 부분만 살짝 빨간색이 남아 있는 분홍색으로 립아이와 같이 약간 지방이 많은 부위에 적합하다.

④ **미디엄(medium)**: 내부 온도 약 60℃. 미디엄 스테이크는 붉은빛이 없고 고기가 분홍색을 띠며 고기가 전체적으로 단단해진 상태. 외부의 잘 구워진 부분

과 안쪽의 부드럽게 익힌 부분의 맛을 다 즐길 수 있는 상태. 다만 여기서 조리 시간이 길어질수록 수분이 증발되어 고기가 건조해지고 덜 부드럽다.

⑤ **미디엄 웰(medium well)**: 내부 온도 약 65℃. 미디엄 웰 스테이크는 여전히 중앙에 약간의 분홍색이 있을 수 있지만 대부분의 수분이 증발하고 지방이 빠져나가 육즙도 없고 일반적으로 대부분의 스테이크 애호가에게 너무 건조하다고 하는 상태이다. 지방이 많은 부위는 그나마 괜찮지만 안심같이 지방이 없는 부위는 육질이 건조하고 단단해져서 풍미가 오히려 안 좋다.

⑥ **웰던(well done)**: '셰프의 골칫거리'라고도 하는 웰던 스테이크는 수분이 모두 증발하고 대부분의 지방이 빠져나가 고기가 건조하고 질기다.

+ 친숙한 식품들의 색 이야기 6 : 과일

식품에 색을 입힐 때 꼭 물을 들이지 않고 과일 스스로 색을 내게 하는 방법이 있다. 바로 에틸렌 가스를 활용하는 방법이다. 에틸렌은 과일이나 채소가 익으면서 자연스럽게 생성되는 식물호르몬으로 식물의 숙성과 노화를 촉진시킨다. 수확 후에도 식물의 기공에서 가스로 배출되고 다른 식물호르몬과 달리 기체 상태로 존재하기 때문에 이동이 쉽다. 그리고 원물에 상처가 나면 에틸렌 가스가 더 많이 발생된다고 한다. 그래서 조금 상처 났거나 썩은 과일을 빨리 골라내지 않으면 멀쩡했던 과일들도 금방 폭삭 다 썩어버린다.

에틸렌의 이러한 특성은 아주 오래전부터 활용되어 고대 이

▶ 에틸렌은 덜 익은 상태에서 수확한 과일을 균일하고 빠르게 숙성시킨다는 장점이 있다.

집트인들은 무화과를 빨리 익히기 위해 일부러 상처를 냈다고 한다. 또 고대 중국의 농부들은 폐쇄된 방 안에 배를 놓고 향불을 피워 에틸렌을 촉진했다는 기록도 있다.

식물호르몬의 에틸렌 가스를 처음 발견한 사람은 러시아의 과학자 드미트리 넬류보프(Dmitry Neljubow)이다. 그는 1800년대 말, 실험실에서 당시 조명으로 사용하던 불빛(석탄가스 램프)에서 나온 가스에 완두콩이 영향받는다는 것을 알아차렸다. 식물과 에틸렌 가스에 대한 구체적인 연구는 1901년부터 시작되었고, 1934년 영국의 과학자 리처드 게인(Richard Gane)은 식물이 에틸렌을 생합성하고, 또 이를 감지한다는 결정적 증거를 내놓았다. 사과가 배출하는 에틸렌을 분리하는 데 성공해, 에틸렌이 기체 식물호르몬임을 증명하였다.

에틸렌은 덜 익은 상태에서 수확한 과일을 균일하고 빠르게 숙성시킨다는 장점이 있다. 그래서 무르기 전 수확하여 이동이나 보관을 용이하게 할 수 있었다. 그러나 숙성을 잘못하면 과육이 퍽퍽하고 무르게 되고 엽록소를 분해해 누렇게 변색시키는 등 농산물 품질 저하의 원인이 될 수도 있었다. 작물을 수확하거나 잎을 절단하면 절단면에서 저절로 에틸렌이 발생하는데, 현재도 바나나, 레몬, 오렌지 등의 과일이 이렇게 현지에서 초록색일 때 수확해, 이동 중 노랗게 숙성되어 딱 좋은 시기에 마트에 도착하고

▲ 바나나는 에틸렌 가스에 민감하여 주의하여 보관해야 한다. 하지만 반대로 빨리 숙성시키고 싶을 때는 사과와 같이 놔두면 시간을 단축시킬 수 있다.

판매되는 것이다. 에틸렌은 한 번 생성되면 스스로 합성을 촉진시키는 자가 촉매적인 성질이 있다. 식품 조직에서 에틸렌이 발생하기 시작하면 인위적으로 생성 및 작용을 억제하기가 불가능해 초기에 생성을 억제하는 것이 중요한데 0~4도의 낮은 온도와 산소 농도 8% 이하, 이산화탄소 농도 2% 이상의 환경에서는 발생이 감소하므로 과일을 오래 보관하고 싶으면 공기가 안 통하게 랩으로 싸서 저온 보관하는 것이 좋다.

사과, 자두, 복숭아, 살구, 아보카도는 특히 에틸렌 가스를 많이 배출하는 과일로 다른 과일이나 채소와 함께 보관하면 숙성을 촉진시킨다. 특히 키위, 감, 수박, 오이, 브로콜리, 배, 무화과, 대추, 바나나, 애호박, 멜론, 토마토는 에틸렌 가스에 민감하여 주의하여 보관해야 한다. 하지만 반대로 빨리 숙성시키고 싶을 때는 사과와 같이 놔두면 시간을 단축시킬 수 있다.

그리고 에틸렌 가스는 감자의 싹이 나는 것을 억제하는 효과가 있다. 검은 봉지나 두꺼운 상자로 빛을 차단하고 8도 이하의 서늘하고 통풍이 잘되는 곳에 감자와 사과를 같이 보관하면 오래 보관할 수 있다. 감자는 보관 중 햇빛을 받아 녹색이 되거나 싹이 나기 쉬운데 감자의 싹이나 녹색으로 변한 껍질에는 솔라닌(solanine)과 차코닌(chaconine)이라는 독소가 있다. 솔라닌은 30mg만 먹어도 복통, 구토, 현기증, 설사, 호흡곤란 등의 식중독

증상을 일으키며 열에 강해 고열로 조리해도 사라지지 않는다. 싹이 난 감자는 독이 든 섭취 불가 독성물질이므로 싹 부분과 녹색 부위를 완전히 도려내고 먹어야 한다. 하지만 완전한 제거는 쉽지 않으므로 감자에 싹이 나거나 녹색으로 변했다면 가능한 먹지 않는 것이 좋다.

\+ 친숙한 식품들의 색 이야기 7 : 식용꽃

자연의 색을 가장 예쁘고 편하게 먹는 방법은 아마 꽃을 직접 먹는 게 아닐까? 꽃처럼 예쁘고 다양한 색을 가진 자연 식자재는 없을 것이다. 요즘 다양한 식재료 및 음식 개발의 추세에 따라 '식용꽃'을 활용한 음식들을 자주 볼 수 있다. 인류는 수렵, 채집 생활을 하던 선사 시대부터 과일과 함께 다양한 꽃들을 음식으로 활용했던 것으로 보이며, 문헌상으로 중국은 당(唐) 시대를 전후하여, 유럽은 중세 시대에 꽃을 활용한 음식에 대한 기록이 있다. 하지만 가공식품 및 다양한 색소의 개발, 농약 사용, 독성에 대한 염려 등으로 자연 상태의 꽃을 먹는 것이 잠시 소원해지며 약재로서의 활용만 활발했다. 근대에 들어서 음식에 대한

▶ 자연의 색을 가장 예쁘고 편하게 먹는 방법은 아마 꽃을 직접 먹는 게 아닐까? 다양한 식재료 및 음식 개발의 추세에 따라 식용꽃을 활용한 음식들을 자주 볼 수 있게 되었다.

다양하고 고차원적인 만족감의 추구와 부가가치에 대한 관심이 늘며 식용꽃에 대한 관심이 높아졌고, 최근에는 스마트팜같이 깨끗한 환경에서 쉽게 재배할 수 있게 되어 식용꽃 시장이 더욱 활발해졌다. 현재 프랑스에서는 150여 종, 미국에서는 130여 종, 일본에서는 90여 종, 우리나라에서는 약 40여 종의 식용꽃이 생산, 유통되고 있다.

농작물(農作物)은 인류가 어떠한 목적을 가지고 재배하는 식물을 뜻하는 것으로, 인간이 직접 섭취하기 위해 재배하는 것을 식용 작물이라 하고 관상용, 가축사료용, 조미료나 담배 같은 가공품을 만드는 재료용 등의 목적으로 재배하는 것을 비식용 작물이라고 한다. 식용꽃은 작물군 분류에서는 야채류(대작물군)의 하위 그룹에서 식용꽃(중작물군)으로 분류된다. 꽃은 주로 음식의 색, 향기, 맛을 돋우기 위해 사용되는데 꽃 자체만으로 하나의 요리가 되는 경우도 있다. 색깔, 맛, 향기 및 모양이 뛰어나 보기에도 예쁘며 안토시아닌, 베타카로틴, 폴리페놀, 폴라보노이드 등 기능 강화용 생리 활성 화합물과 아미노산 및 단백질도 풍부해 예로부터 병의 치료 및 보양의 기능으로도 섭취해왔다.

우리나라는 예로부터 꽃을 직접 따 먹기도 하고 술이나 차로 가공하여 먹거나 화전, 나물, 생채, 국류, 찜, 다식 등의 요리로 만들어 먹었다. 기록으로는 1809년에 저술된 『규합총서(閨閤叢書)』

에 진달래꽃, 참깨꽃, 들깨꽃을 이용한 조리법이, 1835년 서유구(1764~1845)가 지은 『임원십육지(林園十六志)』에 파꽃, 가지꽃, 부용화를 이용한 조리법이 소개되어 있다. 절기나 계절에 따라서도 다양한 꽃을 활용한 요리를 먹으며 계절의 색을 눈과 입으로 즐겼다. 봄에는 머위꽃, 아카시아꽃, 유채꽃, 민들레 무침이나 튀김, '송화다식(松花茶食)', 아카시아꽃차와 함께 음력 3월 3일(삼짇날)의 '꽃달임'(화전놀이)으로 진달래 화전을 즐기고, 여름에는 파꽃, 호박꽃 무침이나 찜, 원추리 꽃 무침, 연꽃차를, 가을에는 국화전과 국화차, 국화밥을, 겨울에는 매화차 등을 즐겼다. 이와 같이 우리나라가 꽃을 음식으로 활용해서 먹은 긴 문화가 있음에도 불구하고 현재 꽃을 이용한 요리는 새로운 문화나 서양의 식문화라는 인식이 있는 것 같다. 이는 현재 우리나라에서 요리용으로 소개, 유통되고 있는 '식용꽃'이 베고니아, 보리지, 팬지, 장미, 캐모마일 등 대부분이 서양이 원산인 꽃이기 때문이라고 생각된다.

식용꽃은 맛과 향, 장식을 제공하기 위해 식품에 첨가되지만 그들의 아름다운 색만큼 영양소도 훌륭하다. 꽃의 빨강, 핑크, 보라 등 다양한 색상을 내는 안토시아닌은 활성산소를 제거하고 콜라겐 형성을 촉진하며, 주황색과 노란색을 주로 내는 베타카로틴은 항암 효과가 있다. 또한 이들 색소에는 폴리페놀과 플라보노이드가 풍부하여 항산화 작용, 항균 작용, 면역기능 증가 등의 효과가 있어 체내에서 성인병을 유발하는 활성산소를 제거한다. 최지은과 박찬혁이 2017년도에 발표한 프리뮬라, 팬지, 비올라, 금어초, 한련화, 금잔화의 총 6종류의 꽃을 각각 2개씩 다른 색으로 모두 12개의 꽃에 대해 색상별 영양분을 분석한 연구 결과에 따르면, 프리뮬라를 제외한 나머지 5종류의 꽃은 노란색 계열은 항산화 성분을, 보라색 계열은 항암 성분을 많이 포함하는 등 같은 종보다는 색상에 따른 영양 성분의 유사성이 컸다. 즉 색상이 유사한 식용꽃들은 꽃의 종류가 다르더라도 유사한 영양 성분의 분포를 보인다는 것이다. 이것은 2014년 김수민 외 6명이 식용봄꽃(개나리꽃, 진달래꽃, 목련꽃, 벚꽃)으로 실시했던 꽃잎 고유의 색깔과 황산화 성분과의 관계에 관한 연구 결과와도 일치한다.

식용꽃은 향기로도 우리의 건강에 도움을 준다. 식용꽃의 천연향은 인위적으로 추출한 향보다 심적인 안정을 주는 데 효과가 있다는 연구 결과가 있다. 이 외에도 식용꽃은 색다른 맛과 식감에서의 새로운 경험과 산뜻한 색으로 식욕을 자극해 입맛을 돋우고 기분을 환기시켜주는 효과도 있다.

식용꽃의 맛은 종류에 따라 다양한데, 스타 플라워라고 불리는 파란색 별 모양 꽃 보리지(Borage)는 오이맛이, 멕시코 엉겅퀴(Ageratum, Floss flower)는 당근맛이 난다고 한다. 한련화의 경우 후추처럼 매운맛이 있어, 생선 요리 등 비린 맛을 줄이는 데 효과적이고, 베고니아(begonia)는 신맛과 아삭거리는 식감이 있어 육류 요리에 곁들이거나 샐러드에 적합하다. 다양한 색으로 재배되는 팬지와 비올라는 향기로운 비빔밥 재료나 다양한 디저트에 활용하면 좋다. 여름에 줄기에 꽃이 이어 달려 피는 것이 특징인 아욱과의 꽃, 마시멜로(marsh-mallow)는 디저트인 마시멜로의 어원이 될 정도로 달콤한 맛과 향이 있어 케이크나 달콤한 음료 같은 디저트에 어울리고, 달고 아삭한 맛이 나는 데이지는 초밥이나 샌드위치 재료로 적당하다. 그리고 국화는 쓴맛이 강하여 생으로 섭취하지 않고 데치거나 찌는 등 익혀 먹는 것이 좋다.

색상별 식용꽃 표

색상	식용꽃
빨강 (red)	동백꽃, 살구꽃, 오이풀, 작약꽃, 장미꽃, 해당화, 맨드라미, 모란꽃, 시계꽃, 찔레꽃, 해송, 모란, 튤립, 할미꽃, 하이비스커스, 금어초(Snapdragon), 페튜니아, 쥬리안(프리뮬라, Purimula), 패랭이, 펜타스(Pentas) 등
주황 (orange)	금잔화(카렌듈라), 메리골드, 한련화, 능소화, 원추리, 금어초, 홍화 등
노랑 (yellow)	개나리, 맨드라미, 민들레, 붓꽃, 창포, 해바라기, 호박, 유채, 배추꽃, 씀바귀, 머위, 뱀딸기, 꽃다지, 팬지, 국화 등
파랑, 보라 (blue, purple)	수국, 용담, 익모초, 가지, 보리지, 제비꽃, 매발톱꽃, 엉겅퀴, 맥문동, 닭의장풀, 등나무, 으름꽃, 싸리꽃, 라벤더, 비올라, 마시멜로, 다알리아, 팬지, 국화 등
핑크 (pink)	진달래, 라일락, 연꽃, 클로버, 벚꽃, 비올라, 다알리아, 들깨꽃, 장미, 카네이션 메꽃, 여뀌, 푸쿠시아, 차이브, 익모초, 베르가못, 패랭이, 펜타스(Pentas) 등
하양 (white)	냉이꽃, 들깨, 흰색 맨드라미, 아카시아, 연꽃, 목련, 부추꽃, 도화, 방울수선화, 옥잠화, 접시꽃, 산초나무꽃, 찔레꽃, 흰민들레, 치자꽃, 작약, 인동꽃, 구절초, 데이지, 장미, 카네이션, 비올라, 국화, 금어초, 재스민, 펜타스 등

PART 4

일상에서 색을 맛있게

식품판매장에 가면 대체로 입구에 과일이 진열되어 있다. 과일은 자연의 다양하고 풍요로움을 담아놓은 듯한 모습에 달콤하고 향긋한 향기까지 내뿜으며 우리를 유혹한다. 게다가 늘 같은 모습이 아니라 계절에 따라 구성과 주인공이 달라진다. 이만큼 매장의 입구를 차지할 최적의 상품이 있을까? 바쁜 일상을 사는 사람들의 감각을 훅 하고 자극하며 들어와 익숙한 향과 색으로 계절이라는 자연의 시간을 알려주며 또 때로는 낯선 색과 향으로 이국의 신비로움과 달콤 상큼한 기억을 불러일으키게 한다. 사람들은 알록달록한 색에 이끌려 어느덧 입 안에 고인 침을 삼키며 과일을 카트에 담는다. 식품의 색은 그 자체로도 우리를 유혹하는 데 충분해 보인다. 하지만 현대사회에서 우리가 식품을 그 재료 단독으로 먹는 경우는 드물다. 다른 식자재들과 섞여 요리가 되어 다른 모습이 되거나, 다른 음식들과 같이 어울려 차려지거나, 또 담긴 용기와 테이블 등 다른 것들과 섞이거나 얹히거나 놓이거나 하는 등의 조합으로 식품의 색을 경험하게 된다. 용기의 색과 맛은 어떤 관계가 있을까? 어떤 색의 용기에 담는지에 따라 맛이 달라질까? 색과 식욕과의 관계를 설명하는 일반적인 예를 살펴보도록 하자.

《감각연구저널(Journal of Sensory Studies)》에 발표된 발렌시아공과대학과 옥스퍼드대학의 공동연구 결과를 보면, 57명의 참가자에게 흰색, 크림색, 빨간색, 주황색의 컵(컵 안쪽은 모두 흰색)에 담긴 핫초콜릿의 맛을 평가하게 한 실험에서 주황색 또는 크림색 컵에 담긴 핫초콜릿이 가장 맛있다고 평가했다고 한다. 또 참가자들은 크림색 컵의 핫초콜릿이 약간 더 달고 풍미가 좋았다고 했다. 그 외에 다른 실험 결과를 보면, 캔음료의 노란색이 레몬맛 풍미를 향상시키고, 파란색 통에 담긴 음료가 빨간색 통에 담았을 때보다 갈증해소에 효과가 있고, 통이 분홍색이면 더 달게 느낀다고 한다. 그리고 딸기 무스와 치즈케이크 등으로 실험한 결과에서 사각 접시보다 둥근 접시, 검은색보다 흰색 접시에 제공되었을 때 더 단맛을 느꼈다고 한다. 이와 같이 용기의 색이 맛의 평가에 영향을 끼친다는 연구 결과는 많다.

이처럼 제품의 맛은 우리가 혀로 맛보는 것만으로 결정되는 것은 아니다. 식사라는 행위는 다양한 조건과 요인으로 구성되어 있다. 음식의 진정한 맛을 느끼고 즐기기 위한 멋진 식사를 준비한다는 것은 사실 우리가 생각했던 것보다 정말 복잡하고 어려운 일이다.

기존에는 식욕을 높이는 효과가 있다는 주황이나 붉은 계열의 색이나 원물의 색을 그대로 이용한 색을 식품이나 디자인에 많이 이용했다. 예를 들어 신선한 채소는 녹색, 고구마나 감자는 노란색, 양배추는 흰색과 같은 정해진 식품의 관념적이고 '예상할 수 있는' 색이 주로 쓰였다. 하지만 최근에는 외국에서 다양한 종이 유입되고 새로운 종의 개발로 보라색 감자, 양배추, 고구마나 빨간색의 비트나 용과, 노란색 수박 등 이제까지와는 다른 새로운 조합의 다양한 식품이 넘쳐난다.

몇 십 년 전까지만 해도 파란색은 식욕을 떨어트리는 색이라 하여 식품에는 사용을 안 하거나 초록색은 독을 연상시켜 특히 음료에는 금기시되었는데, 요즘에는 형광이나 반짝이는 펄까지 식품에서 볼 수 없던 색감이 SNS를 타고 트렌드를 이끌고 있다. 화제성과 특별한 경험을 추구하는 사람들이 많아지면서 기존 식품의 색에 대한 관념적 이미지와 고정된 조화로운 법칙에서 벗어나 조금 엉뚱하고 기발한 시도도 선호하고 개성을 높이 평가하는 시대가 되었다고 할 수 있겠다. 식재료의 개발과 가공기술의 발달로 색을 사용하는 데 있어 한계가 없어진 것도 이러한 변화를 가져온 요인이라고 할 수 있겠다.

+ 조명: 빛과 미각부터 색온도와 생활 리듬, 심리 효과까지

본문 51쪽의 〈색이 보이는 원리〉에서 색이 보이는 데는 '광원(조명), 눈(시각기관), 뇌(정보처리기관)라는 세 가지 조건이 있어야 한다'고 했다. 하지만 여기서 진짜 중요한 게 빠졌다. 바로 대상! 볼 게 있어야 색이 노란지 파란지 볼 것 아닌가. 그리고 이 책에서 볼 대상은 음식이 될 것이다. 색을 보는 데 필요한 조명, 눈, 뇌 그리고 볼 대상까지, 이 네 가지 조건은 서로 연결되어 있어 어느 하나라도 상황이 바뀌면 색이 다르게 보이게 된다.

예를 들어 조명이 빨간색에서 파란색으로 바뀌면 당연히 색이 다르게 보일 것이다. 또한 색을 감지하는 시세포에 이상이 있거나(색각이상) 색이 진한 선글라스를 끼면 색이 다르게 보일 것이다. 그리고 뇌손상으로 전달받은 색정보를 처리하지 못하면 색이 다르게 보일 것이다. 마지막으로 보는 대상이 노란색 바나나에서 초록색 오이로 바뀌면 당연히 색도 다르게 보일 것이다.

이 중에서 조명은 색을 보는 데 가장 기본이 되는 조건으로, 일상에서 비교적 손쉽게 목적에 따라 다양한 연출이 가능하다.

조명과 색의 관계

조명은 일반적으로 밝기와 색이라는 두 가지 요소로 구성되어 있다. 우선 조명에서 '밝기'는 조도(照度)라고 하며 공간을 밝게 밝히는 정도를 수치로 나타낸 것으로 단위는 '럭스(lux, lx)'를 사용한다. 조도 1럭스는 1제곱미터의 공간을 1루멘(빛의 세기)의 빛으로 비추었을 경우 그 공간의 밝기를 뜻한다. 일반적으로 맑은 날의 햇빛은 약 10만 럭스, 백화점 매장은 약 1000럭스, 사무실은 약 750~1500럭스이다.

조명의 또 다른 요소는 빛의 색조로 '색온도'라고 하며 단위는 '켈빈(Kelvin, K)'을 사용한다. 색온도는 열을 나타내는 것이 아니라 빛의 색을 켈빈온도라는 단위로 표현한 것으로 흑체라는 이상적인 물질이 열을 받아 달궈지면 색이 점차 빨간색(1500K~)에서 주황(2500K~), 노랑(3000K~), 흰색(5000K~), 푸른색(6500K~)으로 바뀌는데, 이때 빛이 띠고 있는 색의 해당 켈빈온도를 그 조명의 색온도로 본다. 일반적으로 색온도의 범위는 1000~10000K까지로 저녁노을이나 촛불의 빛은 주황색 빛으로 약 2000K, 한낮의 빛은 백색광으로 약 6000K, 가을의 청명한 하늘은 약 10000K이다.

조명의 밝기와 색온도에 따라 색이 다르게 보이는데 우선 색을 제대로 보기 위해서는 밝기가 최소 400럭스는 넘어야 한다. 그리고 색온도는 대상의 색이나 보는 사람의 심리, 그리고 생체리듬에도 큰 영향을 주므로 시각적 특징을 살리기 위한 조명뿐만 아니라 감성적인 무드를 연출하는 데도 효과적으로 활용할 수 있다. 인간은 태양에 맞게 진화되어와서 태양의 각 시간대와 비슷한 색온도의 조명은 그 시간대에서 인간이 느끼는 심리와 생체리듬을 가지게 하는 효과가 있다. 자외선이 포함된 푸른빛 조명은 상쾌함과 각성을, 노을의 색과 비슷한 주황색 빛은 부드러움과 차분함을 불러일으켜 각각 작업실과 휴식공간의 조명에 적합하다. 하지만 무조건 색온도가 높거나 낮으면 좋은 것이 아니고 조도와 색온도의 적절한 관계를 맞춰야 하는데, 푸른빛의 조명은(색온도가 높은 빛) 조도가 너무 낮으면, 즉 어두우면 으스스함과 차가운 느낌이 되어버리고, 붉은빛(색온도가 낮은 빛)의 조명은 조도가 너무 높으면, 즉 너무 밝으면 더운 느낌을 주며 불쾌감을 느끼게 한다. 색온도와 조도에 따른 이러한 심리 효과를 크루이토프(Kruithof) 효과라고 한다.[10]

---

10) Arie Andries Kruithof. 네덜란드 물리학자. 1941년 형광등이 등장하자 크루이토프는 인공 조명을 설계하는 기술 지침을 제공하기 위해 정신물리학적 실험을 수행해 쾌적한 조명조건을 연구했다.

쇼핑하며 매장의 조명을 의식해서 본 적이 있나? 아마 보면 전자제품을 파는 매장은 밝고 푸른빛의 조명이 촘촘할 것이다. 그리고 식품매장은 따뜻한 색감의 조명이 띄엄띄엄 은은하게 설치되어 있는 것을 발견할 수 있을 것이다.

식품과 조명

앞에서 조명에 따라 쾌적함도 기분도 달라지고, 무엇보다 중요한 색이 다르게 보인다고 말했다. 이것은 바꿔 말하면 조명으로 색이 다르게 보이게 하거나 심리 상태를 바꿀 수 있다는 것으로 착색제를 쓰지 않고 간단히 음식의 색을 바꿀 수 있음을 의미한다. 즉 더 맛있고 더 매력있게 보이게 할 수 있다는 것이다. 음식의 색에 따라(특히 파란색) 식욕이나 위장반응(구역질, 배탈 등)이 달라진다는 증명은 마케터인 휘틀리(Wheatley)가 한 실험이 유명하다. 휘틀리는 사람들에게 스테이크, 칩, 완두콩으로 구성된 평범한 음식을 색을 잘 알아보지 못하는 어두운 조명 아래서 제공하고 즐겁게 식사를 하다 밝은 조명으로 바꿔 그들이 먹은 음식의 색이 파란색 스테이크, 녹색 칩, 붉은 완두콩이었다는 것을 알 수 있게 하였다. 조리법이나 맛은 평범하였기에 다들 아무렇지 않게 식사를 했는데 음식의 색을 확인하고서는 불쾌감에 토하는 등 몸이 좋지 않아졌다고 한다. 그러고 보니 『화성의 인류학자: 뇌

신경과 의사가 만난 일곱 명의 기묘한 환자들』의 Mr. I가 왜 사고 후 식사에 어려움을 겪었는지 이해가 간다.

이처럼 조명은 색을 지각하는 데 큰 영향을 주므로 조명 설계에 따라 음식을 더욱 맛있게 보이게 하거나 식품매장에서는 제품의 품질을 더욱 좋게 보이게 하거나 할 수 있다. 대체적으로 붉은색의 식품인 육류의 경우 2000~3000K의 붉은빛 조명을 사용한다. 이제 정육점들이 왜 붉은색 조명으로 되어 있는지 이해했을 것이다. 푸른색 인테리어를 한 정육점은 거의 본 적이 없을 것이다. 음식을 익히거나 맛있게 구워지면 대체로 주황색이나 갈색 빛깔이 된다.[11] 그러므로 이러한 조리식품은 3000~4500K의 주황색이나 살짝 따뜻한 느낌의 백색광이 음식을 더욱 맛있게 보이게 한다. 그리고 어패류의 경우는 푸르거나 흰색인 경우가 많다. 생각해보라. 눈이 붉은 생선이나 누런색의 광어회는 이상할 것이다. 그래서 어패류 매장은 희거나 푸른빛의 밝은 조명을 사용한다. 분위기 좋은 식당에 갔던 기억을 떠올려보면 그곳의 따뜻하고 은은했던 분위기가 생각나지 않나? 물론 누구와 어떤 시간을

---

11) 마이야르 반응(Maillard reaction): 프랑스의 마이야르(Louis Camille Maillard)에 의해 1912년 발견된 화학 반응으로 특히 식품을 고온으로 가열했을 때 갈변화하면서 색과 맛을 부여하는 현상을 지칭한다. 빵이나 고기를 구울 때 겉면에 갈색의 껍질을 형성하거나 로스팅한 커피처럼 구수한 맛을 낸다.

보냈느냐도 중요하지만 그 시간을 더욱 좋게 만들어준 것은 그곳의 조명일지도 모른다.

최근에는 음식점을 찾거나 요리 정보를 찾을 때 대부분의 사람들은 SNS를 이용한다. 일상의 소소한 일들이나 맛있는 음식 등을 올리는 것이 일상이 되어 아예 음식이 나오면 누구나 할 것 없이 사진을 먼저 찍고 먹는 일이 일상이 되었다. 그래서 SNS에서 맛있고 그럴듯하게 보이는 것이 아주 중요한 일이 되었다. '인스타 인증 맛집', '인스타 감성' 등 인스타에 멋있고 맛있게 나오도록 사진을 찍는 것은 큰 기술이고 멋진 촬영을 위한 다양한 팁도 많다. 음식물의 사진을 잘 찍는 방법에서도 조명은 아주 중요하다. 빛에 따라 색, 그림자, 윤곽 등이 달라지기 때문이다. 우선 빛은 자연광이든 인공조명이든 상관없다. 자연광의 경우 화창한 날 아침이나 낮에 되도록 빛이 잘 드는 창가에서 촬영을 하면 좋다. 방향이 비스듬한 빛(반 역광)이면 음양과 깊이감이 적당하게 나와 음식이 더욱 맛있게 보인다.

음식물 모드 등이 있지만 사진을 찍은 후 보정을 한다면, 채도를 높여 색감을 조금 선명하게 하면 생동감을 주어 신선하고 맛있게 보이는 효과가 있다. 하지만 회, 스테이크, 샐러드 등 자연물의 식재료인 경우에는 채도를 너무 높이면 오히려 부자연스럽게 되어 인공적이고 불쾌한 느낌을 줄 수 있으니 지나치게 채도를 높이지 않도록 주의해야 한다. 그리고 채도를 높일 때 색이 가볍게 뜨게 하지 않고 묵직하고 진하게 색감을 넣으면 더 풍미와 영양이 있고 맛있게 보인다. 디저트나 캔디 등 가공식품의 경우는 자연물에 비해 채도를 조금 높여도 괜찮다. 아예 채도를 극단적으로 높이면 애니메이션같이 비현실적인 느낌을 주어 독특하고 재미있는 분위기를 낼 수 있다.

이미지 가공에서 밝기는 매우 중요한데, 사진을 찍기 전에 아무리 빛을 신경써도 무드를 바꾸거나 하며 밝기를 보정하고 싶어진다. 사진을 찍을 때 어둡게 찍으면 보정이 어려우므로 사진을 어둡게 찍지 않도록 주의해야 한다.

대비(contrast)의 조절에 따라 이미지의 인상이 바뀐다. 대비를 높이면 사진의 어두운 곳과 밝은 곳의 차이가 분명해지고 윤곽이 뚜렷해져서 자연스러움이 감소되고, 대비를 낮추면 밝기의 차이와 윤곽이 모호해져 질감과 깊이감이 줄고 이미지가 흐릿해진다. 음식의 질감이 중요하지 않고 부드럽고 편안한 분위기의 이미지에는 적합하나 튀김의 바삭함, 샐러드의 신선함 등 시즐링감을 표현하려면 대비를 약간 높이는 것이 좋다. 한 이미지 안에 다양한 음식을 함께 찍을 경우에는 주연으로 보여주고 싶은 요리나 질감까지 잘 표현되게 하고 싶은 요리에 초점을 맞추면 된다.

그리고 기억해야 할 것이 있다. 음식의 색을 분위기 좋게 연출

한다고 조리 공간까지 오렌지빛의 무드 있는 조명으로 하면 곤란하다. 음식을 조리하는 곳은 선도나 음식의 조리 상태를 정확히 판단하기 위해 백색의 밝은 조명으로, 음식을 먹는 장소는 너무 밝지 않은 색온도가 조금 낮은 따뜻한 색감의 조명을 사용하는 것이 좋다.

최근엔 스마트 조명으로 앱에서 조명의 색과 조도를 조절할 수 있는 기능도 있지만 간단히 보조 조명기구를 이용해도 좋다. 유명 레스토랑이 촛불을 테이블에 놓는 것과 같은 이유이다. 일반적으로 천장의 주 조명기기는 밝은 백색조명으로 하고, 식사를 하는 곳에는 촛불, 스탠드, 팬던트 조명, 핀 조명 등과 같은 보조 조명기기를 이용하는 것도 좋은 방법이다.

◀ 음식을 먹는 장소는 너무 밝지 않은 색온도가 조금 낮은 따뜻한 색감의 조명을 사용하는 것이 좋다.

\+ 색의 3속성

색의 3속성이란 '색상', '명도', '채도'로 색이 가진 세 개의 성질을 말한다. 이는 본문 63쪽의 〈안전한 색사용: 색의 규제와 표준 이야기〉에서 언급한 먼셀 표색계를 이루는 세 개의 차원으로, 미국의 화가 겸 교사인 먼셀이 학생들에게 색을 보다 구체적이고 쉽게 전달하고 가르치기 위해 고안한 색의 표시 방법이다(1905). 전 세계적으로 가장 일반적으로도 쓰이고 많은 색 측정 및 관리기기의 기본이 되는 가장 기본적이고 친숙한 개념이다.

'색상'은 우리가 일반적으로 말하는 빨강, 노랑, 녹색, 파랑 등으로 빛의 파장에 따라 달라지는 색의 성질이라고 할 수 있다. 색상은 흔히 '색상환'이라고 하는 둥근 원으로 색을 배치한 형태로 많이 볼 수 있다. 무지개는 사람이 볼 수 있는 색의 영역인 가시광선의 모든 영역을 쉽게 눈으로 확인할 수 있는 현상인데, 무지개의 색 순서대로 빨강→주황→노랑→초록→남색→보라가 빛

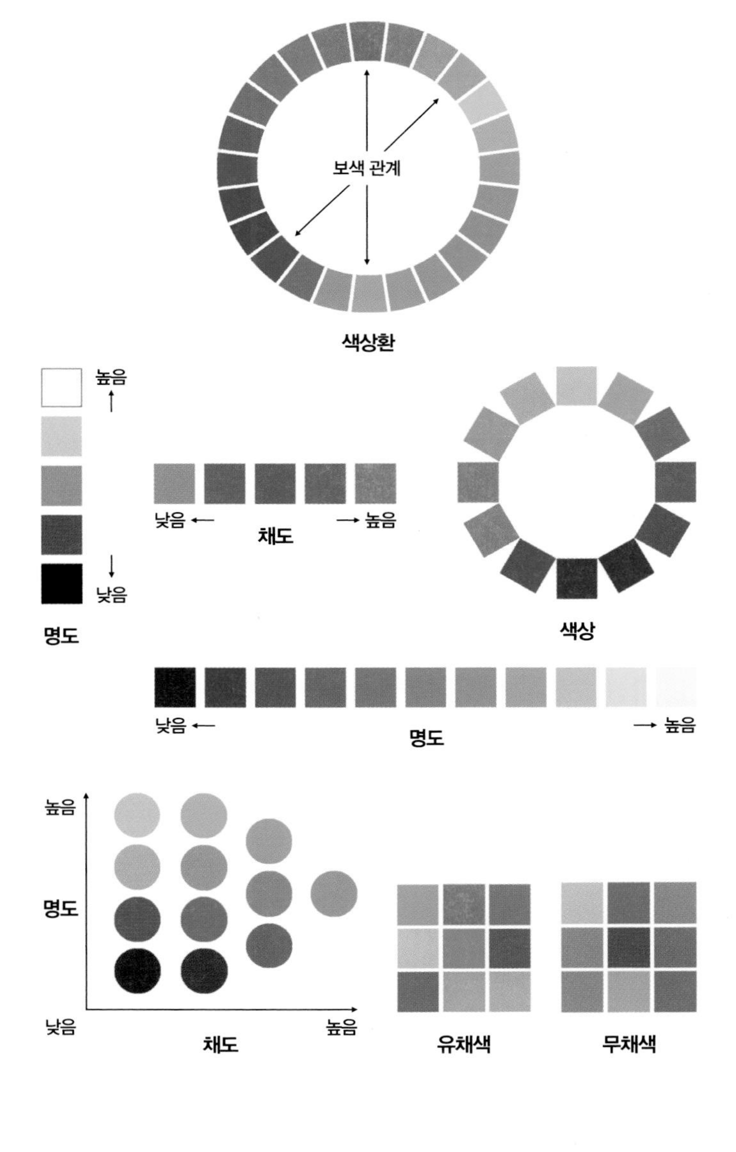
보색 관계
색상환
높음
낮음
명도
낮음
높음
채도
색상
낮음
높음
명도
높음
명도
낮음
채도
높음
유채색
무채색

의 파장이 긴 순서로 연속적으로 배열된 것이다(빛의 스펙트럼). 다만 무지개는 빨강에서 보라로 끝나므로 붉은 보라색(마젠타)이 없다. 붉은 보라는 색 배열을 둥근 환 모양으로 배열하기 위해 연결하며 빨강과 보라색을 혼합한 색인 붉은 보라색을 보충하여 넣은 것이다.

'명도'는 색의 밝기를 나타내는 것으로 물감으로 생각하면 흰색에 가까운 밝은색을 '고명도', 검정에 가까운 어두운 색을 '저명도', 그 중간 밝기의 색을 '중명도'라고 한다.

'채도'는 색상의 맑고 탁한 정도를 나타내는 것으로, 각 색상에서 가장 선명한 색을 '순색'이라고 한다.

일반적으로 색은 이 세 가지 속성으로 구분하고 정리하는데 여기에 '톤(tone)'이라고 하는 명도와 채도가 결합된 개념도 많이 사용된다. 톤은 '느낌이 비슷한 색끼리 모아놓은 그룹'이라고 할 수 있다. 톤을 이해하면 작업 중 색을 표현하거나 전달할 때 보다 원활하게 소통할 수 있어 디자인 분야뿐만 아니라 일상에서도 자주 쓰인다. 예를 들어 '명도와 채도가 높은 색'이라는 표현보다는 '비비드 톤'이라든지, 밝고 연한 색감들을 '파스텔 톤'이라고 표현하면 더 느낌이 간단히 잘 전달된다. '파스텔 톤'이라는 명칭은 한국산업표준(KS)의 KS A 0011(물체색의 색이름)에서 규정한 정식 명칭은 아니지만 일반적으로 쓰이는 관용적인 톤이름이다.

음식의 색을 3속성에 따라 색상으로 구분해보면 다음과 같다.

빨강	토마토, 고추장, 케첩, 육회, 딸기 등
주황	당근, 귤, 익힌 꽃게, 연어회, 껍질 안 깐 양파, 떡볶이, 된장 등
노랑	참외, 노란 파프리카, 계란찜, 군고구마 속살, 감자튀김 등
초록색	아보카도, 오이, 풋고추, 브로콜리, 쑥떡, 바질페스토, 양상추, 말차 등
보라색	블루베리, 흑미밥, 가지, 껍질 안 깐 고구마, 적양배추, 팥죽 등
무채색	깐 양파, 양배추, 흰쌀밥, 우유, 간장, 검은콩조림, 흑임자 강정, 김 등

* 무채색(흰색, 회색, 검은색): 색감이 느껴지지 않는 색으로 밝기만 가지고 있다.

음식을 명도와 채도를 기준으로 분류해보면 우유, 백설기, 계란찜, 레몬, 아보카도 과육 등은 명도가 높고, 갈비찜, 까눌레, 검은 콩, 검은 깨, 흑미밥, 된장은 명도가 낮다. 레몬과 완두콩, 노란 파프리카, 당근의 색은 명도와 채도가 높고, 초콜릿, 팥, 우엉조림의 색은 명도와 채도가 낮다. 대체로 모든 식재료가 가열하거나 조리하면 색이 탁해지기 쉬운데 푸른 채소는 끓는 물에 데치면 오히려 색이 선명해지고 특히 끓는 물에 소금을 넣으면 더욱 색이 산뜻하게 살아난다.

두 가지 이상의 재료로 요리할 경우 재료가 섞이면 혼색이 되는데, 팥죽 같은 경우도 팥과 흰쌀이 섞이면서 익혀져 중간 밝기의 탁한 붉은 보라색이 된다. 양념이나 재료가 섞이지 않아도 색이 변하는 경우도 있는데, 붉은 살코기처럼 익으면 붉은색에서 갈색으로 색상 자체가 변하거나 새우나 게와 같이 익으면서 색소가 드러나 붉은색을 띠게 될 때다.

이러한 조리에 따른 색의 변화로 우리는 재료의 익은 정도를 파악하여 먹어도 안전한지 판단할 수도 있고, 요리가 가장 맛있게 조리된 상태를 기억하거나 전달할 수도 있다. 그리고 색의 3속성에 대해 알아두면 음식의 색을 보다 정량적이고 객관적으로 표현할 수 있어 어울릴 재료를 정하거나 플레이팅 및 상차림에 배색기법을 쉽게 활용할 수 있어 편리하다.

+ 색과 감정

2015년에 개봉한 픽사의 애니메이션 〈인사이드 아웃〉은 미국의 11세 '라일리'라는 평범한 소녀가 이사로 변한 환경에 갈등을 겪고 극복해가는 과정을 모든 사람의 머릿속에 존재하는 기쁨(Joy), 슬픔(Sadness), 버럭(Anger), 까칠(Disgusting), 소심(Fear)이라는 다섯 감정과 이 감정들을 컨트롤하는 본부의 이야기로 풀어가는 내용이다. 심리학, 특히 감정과 표현 연구의 대가인 폴 에크만(Paul Ekman)의 자문을 받은 만큼 영화 내용이나 구성이 심리학적 이론에 충실히 바탕을 두고 만들어졌다.

영화에서 각 감정이들은 저마다 고유한 색으로 표현되는데 기쁨이-노랑, 슬픔이-파랑, 버럭이-빨강, 까칠이-초록, 소심이-보라색이다. 이 영화를 본 우리나라의 20대들에게 영화의 감정이들과 색 표현에 대한 일치성을 조사하였더니 '까칠이'라는 감정이 초록색으로 표현되는 것에 대해 위화감을 느낀다는 대답이 많았다. 일반적으로 생각하기에 초록색은 싱그러움, 친환경, 편안함, 생명력 등을 상징하는 색으로 긍정적인 이미지로만 생각했는데 부정적인 감정을 표현한다는 것이 이해가 안 간다는 것이었다.

이 애니메이션은 우리나라뿐만 아니라 전 세계적으로 큰 흥행을 하였고, 감정이들과 색에 대해 분석한 다양한 칼럼과 콘텐츠가 많이 나왔지만 초록색이 부정적 이미지로 표현된 것에 대해 공감을 못 한다는 내용은 확인할 수 없었다. 이처럼 색에 대한 이미지는 시대, 문화, 연령, 지역 등에 따라 달라질 수 있다. 그러면 우선 왜 영화에서 초록색을 부정적 감정으로 표현하였을까? 이에 대해서 알아보자.

영화에서 아기 라일리에게 각 감정이들이 처음 생겨나는 순간을 에피소드로 다뤘는데 '까칠이'는 브로콜리를 먹기 싫어하는 내용에서 '불쾌감'을 느끼게 되며 생겨난다. 브로콜리의 색이 마침 초록색이어서 별 위화감 없이 지나갔을 수도 있지만 사실 까칠이가 초록색인 것은 브로콜리의 색과는 상관없다. 1900년대까지만 해도 서양에서 초록색은 위험한 색이었고 독(poison)을 의미하였다. 그 영향으로 영화나 애니메이션에서 이상한 약물이나 물질을 초록색으로 표현하는 경우가 많았고 닌자 거북이, 헐크, 외계인 등도 초록색으로 많이 표현이 된다.

마녀나 마녀가 만드는 수프는 대개 탁한 초록색인 경우가 많으며, 애니메이션 〈슈렉〉의 '피오나'와 '슈렉', 뮤지컬 위키드의 마녀 등 많은 예를 찾아볼 수 있다. 서양에서 초록색이 독을 의미하게 된 결정적인 사건은 스웨덴의 과학자 칼 셸레(Carl Wilhelm Scheele)가 1775년에 발견한 셸레 그린(Scheele's Green) 안료 때문이다. 이 쨍하게 아름다운 초록색은 대인기를 끌며 빅토리아 여왕 및 유럽 귀족들의 사랑을 받았다. 옷, 장신구뿐만 아니라 비누, 가구, 커튼, 벽지, 양초, 장난감 등 일상의 거의 모든 물건에 쓰였으며, 심지어 직접 먹는 사람도 있었다고 한다.

하지만 이 색소에는 치명적인 독인 비소가 들어 있었고 이러한 위험성을 알게 된 것도 너무 늦어 많은 사람이 목숨을 잃었다. 이후 1814년에 발명된 패리스 그린(Paris Green/Emerald Green) 역시 비소를 함유하고 있어 위험하긴 마찬가지였지만 당시에는 그 위험성을 몰랐다. 아름다운 초록색은 에메랄드 원석의 색과 같다 하여 에메랄드 그린이라고도 불렸으며, 19세기 인상파 화가들에게 큰 인기가 있었다. 패리스 그린은 후에 살충제로도 쓰였다고 한다. 물론 동양에서도 이 안료를 사용하였는데 단청의 화려한 초록색을 내는 '양록(洋綠)'으로, 색이름에서도 알 수 있듯이 서양에서 온 초록색을 뜻한다. 우리나라에서 '양록'으로 인한 사망은 들어본 적이 없다. 이러한 이유로 서양에서는 초록색이 불편함, 이질적인, 혐오스러움, 치명적인, 위험한 등과 같은 부정적인 이미지로 형성된 것으로 생각된다.

하지만 연구를 하다 보면 동양 문화권에서도 그리고 더 거슬러 올라가 인류 초기 생존 본능에 의해서도 초록색은 '위험하고 불쾌하며 건강에 나쁜'이라는 이미지가 있었다는 것을 알 수 있다. 인류가 수렵과 채집을 하던 시기에 익지 않은 풋열매를 먹으면 입 안이 마비되는 듯한 얼얼한 떫은맛과 심하면 배탈이 나는 경험을 했을 것이다. 보통 열매는 종자를 퍼트리기 위해 본능적으로 씨앗이 준비가 될 때까지 독소를 가지고 있다가 충분히 숙성이 되면 열매가 익었으니 얼른 따 먹고 종자를 퍼트려달라고 색이 붉게 변하고 달콤한 향을 낸다.

그래서 초록색의 덜 숙성된 풋과일을 먹으면 떫은맛이 나고 많이 섭취하면 배탈이 난다. 또 음식이 부패하면 푸른곰팡이가 생기는데 곰팡이가 핀 음식을 섭취하면 역시 위험하다. 그래서 인류에게는 본능적으로 초록색은 불쾌하고 위험한 상황을 떠올리게 하는 색이라는 것이 어딘가에 내재되어 있다고 할 수 있다. 그리고 생리학적 측면에서도 생각해보면, 인간의 색지각의 민감도에 있어 가장 감도가 좋은 영역이 초록색이다. 조명의 밝기에서도 얘기했듯이 밝은 조명에서는 연두색 부근이, 어둑어둑한 조명에서는 청록색 부근이 가장 감도가 좋다. 그래서 초록색은 다른 색에 비해 조금만 색이 바뀌어도 그 느낌이 많이 바뀌어 극단적으로 호불호(好不好)가 갈리는 색이라 생각할 수 있다.

앞에서 무지개에 대하여 이야기할 때 서양은 '7'이라는 숫자가 다양한 분야의 기초를 이룬다고 했다. 반면 동양, 특히 우리나라에서는 '5'가 모든 이치의 근본을 이루는 숫자이다. 음양오행설(陰陽伍行說)에서 시작하여 오방(伍方), 오장육부(伍臟六腑), 국악의 궁상각치우 오음계(宮商角徵羽 伍音階), 오색구름 등 모든 삼라만상을 다섯 요소로 나눈 것으로 이 다섯 가지는 단순히 분류를 한 것이 아니라 서로 간의 상생과 상극의 조화까지도 알 수 있다. 또 크게는 방위, 계절, 맛, 장기, 색 등 각 항목이 유기적으로 연결이 되어 서로 영향을 주는 것으로 병이나 일이 일어난 원인과 그것을 치료하는 방법도 그 안의 관계에서 풀어내었다.

당연히 맛도 오미(伍味)라고 하여 신맛-산(酸), 쓴맛-고(苦), 단맛-감(甘), 매운맛-신(辛), 짠맛-함(鹹)까지 이렇게 다섯 가지로 나누었다. 우리나라는 예전부터 의식동원(醫食同源)이라고 하여 '의약과 음식의 근본은 같다'는 생각으로, 어떻게 먹느냐에 따라 건강은 물론 병도 고칠 수 있다고 생각했다. 그래서 어떤 맛이 어떤 성질과 효능이 있는지를 맛과 색으로 구별하였던 것이다. 이것은 예전에는 약이나 재료의 성분을 알 수 없었으므로 맛을 보아 맛과 약효와의 관계를 밝히려 한 노력이라고 할 수 있겠다. 본문

192쪽 하단에 있는 오행표에서도 보면 청(靑, 여기서 청은 푸른색으로 초록에서 파란색 범위를 다 말한다)은 장기의 간(肝)과 관계가 있으며 맛은 신맛이다. 간은 우리 몸의 독소를 해독하는 중요한 기관으로 쓸개즙(담즙)을 배출하는데 이 담즙의 색이 황녹색이다. 그래서 간 관련 영양제나 소화제가 초록색이거나 포장이 초록색인 경우가 많다.

그리고 인간은 우리 몸에 유해하거나 불쾌한 음식을 섭취했을 때 본능적으로 구토를 하는데 완전히 다 토하고 나면 신맛이

오행과 '오미오색(五味五色)'과의 관계

오행(五行)	목(木)	화(火)	토(土)	금(金)	수(水)
오방(五方)	동(東)	남(南)	중앙(中央)	서(西)	북(北)
오색(五色)	청(靑)	적(赤)	황(黃)	백(白)	흑(黑)
오장(五臟)	간(肝)	심(心)	비(脾)	폐(肺)	신(腎)
오미(五味)	산(酸)	고(苦)	감(甘)	신(辛)	함(鹹)
절기(節氣)	춘(春)	하(夏)	계하(季夏)	추(秋)	동(冬)
칠정(七情)	노(怒)	희(喜)	사(思)	우/비(憂/悲)	공/경(恐/驚)

나는 누런 액이 나오는데 이것이 바로 담즙까지 올라온 경우로 오행표의 신맛과 간, 담즙, 그리고 불쾌함의 관계성을 이해하는 데 도움이 될 것이다. 간이 부실할 때는 목 기운을 가진 음식, 푸른색, 그리고 고소한 맛이나 신맛의 음식이 좋다고 하여 감귤계 과일, 시금치, 쑥갓, 부추, 잣, 호두, 계란, 닭고기 등이 좋다고 한다.

음식을 가공하거나 패키지 디자인을 할 때 일반적으로 그 음식의 재료에 대한 정보를 주기 위해 재료의 색을 사용하지만, 음식을 만든 회사가 추구하는 방향이나 브랜드의 이미지에 맞는 색을 사용하는 경우도 많다. 그럴 때 유용하게 활용할 수 있는 것이 색채 이미지 및 상징성이다. 일반적으로 색채 감정은 크게 두 가지로 나눌 수 있다. 빨간색은 따뜻하고 파란색은 차갑고, 짙고 어두운 색은 무겁고, 밝고 연한색은 가볍고 등과 같이 성별, 환경, 시대, 문화, 교육의 유무에 상관없이 누구나 공통적이고 직감적으로 느끼는 일반적인 색채 감정을 '지각감정(知覺感情)'이라고 한다. 또 하나는 '흰색' 하면 한(恨), 민중, 민족, 청결, 강박, 병원을 떠올리거나 '빨간색' 하면 국가대표, 붉은악마, 떡볶이, 채점, 공산주의 등을 떠올리는 것처럼 문화, 시대, 교육, 환경 등에 따라 결과가 다르고 서로 공감하기 어려운 경우를 '정서감정(情緒感情)'이라고 한다. 가공식품이나 패키지 디자인에서 색을 사용할 때는 목적에 맞게 이 두 가지를 활용하는데, 예를 들어 매운맛 제품의 포장에 빨간색을, 민트맛 식품에 파란색 계열을 사용하는 경우는 지각감정에 의한 색 사용이라고 할 수 있겠다. 그리고 유기농과 건강을 추구하는 브랜드인 경우에는 전체적인 디자인의 톤앤매너를 전원적이고 편안한 느낌의 올리브그린이나 어스컬러(earth color) 계열을, 전통적인 브랜드나 제품에는 오방색이나 전통 배색을 활용하는 경우가 정서감정을 바탕으로 디자인했다고 할 수 있겠다.

매운맛이 붉게 표현되는 이유에 대해 알아보면, 우리가 흔히 매운 것을 먹으면 입에 불이 난다는 표현을 하거나 영어 'hot'은 '맵다'와 '뜨겁다'는 의미로 같이 쓰인다. 1997년 온도수용체 TRPV1을 발견한 미국 샌프란시스코 캘리포니아대학 데이비드 줄리어스가 통증에 관련된 연구를 하다 토미나가 마코토 교수와 함께 매운맛의 메커니즘에 대해 알아내어 2021년 노벨 생리학·의학상을 수상하였다. 그 연구 결과에 따르면, 우리가 매운 음식을 먹으면 혀의 매운맛 센서인 TRPV1이 캡사이신에 반응하여 통증을 일으키는데 이 TRPV1이 매운맛에도 반응하지만 동시에 섭씨 43도 이상의 고온에도 반응하는 센서인 것으로 밝혀졌다. 따라서 우리가 매운 것을 먹었을 때 땀이 나고 후끈거리는 반응은 매운 것을 먹어 TRPV1 센서가 활성화되었고 그래서 온도가

43도가 되었을 때와 같은 반응이 일어난 것이다. 막연히 '입에서 불이 난다'고 하거나 매운맛을 불 이미지로 표현했던 것들이 사실은 감각을 그대로 표현한 것이라 할 수 있겠다.

반대로 박하맛을 먹으면 시원해지는 듯한 느낌이 드는데 이것은 박하(Mentha)—박하속(薄荷屬)의 식물들을 민트(mint)라고 한다—에 들어 있는 멘톨(menthol) 성분이 피부에 존재하는 TRPM8이라는 냉감 센서를 반응시켜 우리가 차갑다고 느끼는 것이다. 그래서 박하맛의 제품은 시원한 느낌의 색을 사용하는 경우가 많다.

색과 무게감과의 관계에서는 같은 무게라도 색이 어두울수록 무겁게 느끼고 밝으면 가볍게 느낀다. 즉 무게감은 명도에 영향을 받는다.

채도에 따라 색이 화려하거나 차분하게 느껴지는데 일반적으로 요리에서는 단색으로 사용하는 경우가 적으므로 톤앤매너와 같이 전체적인 분위기를 잡을 때 어떠한 톤으로 전체 채도를 설정하느냐에 따라 이미지가 정해진다.

또 색에 따라 거리감이 다르게 느껴지기도 한다. 어떤 색은 팽창해 보이거나 튀어나와 보여 눈에 잘 띄고, 어떤 색은 수축되어 보이거나 후퇴되어 보이는데 대체로 노랑, 주황, 빨강 같은 따뜻한 느낌의 색(暖色), 그리고 은색, 흰색 같은 밝은색이 거리감이 가깝게 느껴져 '진출색'이라고 한다. 반대로 '후퇴색'은 파란색, 푸른 보라, 청록 같은 차가운 느낌의 한색(寒色) 계열 색채와 검은색, 짙은 회색, 짙은 네이비 같은 어두운 색이다. 진출색의 경우 고명이나 장식으로 올리면 더욱 눈에 잘 띄어 음식이 시각적으로 화사해지는 효과를 볼 수 있다.

색을 보거나 생각하고 어떤 것을 떠올리는 것을 색의 연상이라고 하며 연상은 맛의 평가, 상품의 가치 등에 영향을 끼친다. 연상은 앞에서 얘기한 색의 이미지에 큰 영향을 받으며 개인의 경험, 환경, 문화, 연령, 성별 등에 따라 달라질 수 있다. 예를 들어 우유 패키지에 아무런 글이나 이미지가 없고 하나는 핑크색 하나는 흰색일 경우, 핑크색 패키지에 든 것이 딸기맛 우유라고 기대하며 마실 것이다. 심지어 팩 안에 든 우유가 흰 우유여도 머릿속의 딸기는 쉽게 지워지지 않아 꽤 마실 때까지 딸기맛을 느낄 수도 있다.

몇 년 전부터 매운맛 라면이 유행하여 다양한 매운맛이 출시되었는데 우리는 포장지 색만 봐도 맵기의 정도를 어느 정도 가늠할 수 있다. 그리고 또 최근 고급 디저트 시장이 활발하다고 한다. 부티크 형식으로 운영하여 예약해야 하거나 한정판매를 하는 등 디스플레이나 운영이 마치 고급 패션 브랜드와 같고 가격 또한 고가이다. 그런데 이러한 디저트들이 가격 대비 크기가 아주 작다. 가격은 엄청 비싼데 크기는 일반 초콜릿이나 캐러멜의 반의 반도 안 되는 크기이다. 그래서 이러한 고급 디저트들은 대체적으로 포장지가 진한 색인 것을 알 수 있다. 이것은 진한 색이 바탕색이 되어 디저트에 시선을 집중시키는 효과도 있지만 색채 감정에서 보면 아주 작은 것을 샀지만 큰 무게감을 느낄 수 있게 하기 위한 전략이기도 하다.

많은 색을 사용하지 않고 진한 색의 포장지에 금속감이나 광택이 있는 글씨나 로고가 들어가는 이러한 디자인 전략은 일찍이 고급 보석상에서 자주 사용하던 대표적인 방법이다. 그런데 이 또한 고급 보석상을 흉내 낸 색과 포장의 사용으로 마치 고급 보석과 같은 디저트라는 이미지를 줄 수 있다.

일반적인 색에 대한 연상과 이미지를 정리하면 다음과 같다.

 **빨강(red)**

구체적 연상: 딸기, 고추, 피, 토마토, 정지표시, 불, 장미, 소방차, 사과, 여성, 산타 등

추상적 연상: 팽창, 진출, 따뜻함/뜨거움, 정렬, 흥분, 다이내믹, 에너지, 건강, 강함, 혈색 좋은, 투쟁, 경고, 위험, 사랑, 용기, 매운맛, 밸런타인데이 등

빨강은 눈에 아주 잘 띄고 기억에도 잘 남는 색으로 강조하거나 강한 인상으로 주목을 끄는 데 사용하기에 적합하다. 에너지와 생명의 근원인 피, 태양, 불의 뜨겁고 역동적인 이미지로 힘을 느끼게 하는 색이다. 실제 생리학적으로도 맥박이 빨리 뛰게 하거나 기분을 고양시키는 작용을 하기도 하고 시간의 흐름을 빨리 느끼게 하는 효과도 있다. 활동성과 생명력, 강함을 느끼게 하므로 에너지를 보급하는 스포츠 관련이나 밸런타인데이 등 사랑, 정렬에 관계된 제품 등의 패키지에 적합하다.

주황(orange)

구체적 연상: 오렌지, 주스, 호박, 핼러윈, 당근, 망고, 감, 귤, 불, 노을, 모닥불, 비타민 등

추상적 연상: 따뜻함, 위로, 활기찬, 가을, 단풍, 비타민, 가정적인, 에너지, 활력, 건강한, 사교적, 친밀함 등

주황은 불과 태양을 연상시키지만 빨강과 같이 강력하고 자극적인 느낌이 아니라 모닥불과 노을과 같은 따뜻하고 부드러운 느낌을 준다. 그래서 부정적인 이미지가 별로 없으며 밝고 활기찬 느낌과 식욕을 돋워주는 색이라고 하여 식품업계의 CI나 매장의 인테리어 색으로 많이 사용된다. 잘 숙성된 과일이나 맛있게 조

리된 음식의 색이 대부분 주황색 계열인 것도 안심감과 친숙함 그리고 경험에 의한 학습 효과가 주황색이 식욕을 촉진시키는 원인이 되었다고 할 수 있다. 마이야르 반응에 의해 고기나 빵, 튀김 등이 갈색이 되는데 갈색이 바로 주황색으로, 주황색이 어두워지면 갈색이 되고, 밝아지면 베이지색이 된다. 그리고 주황색은 오렌지나 귤 같은 비타민C가 많이 들어 있는 감귤계의 색으로 비타민, 특히 활력을 주는 에너지 드링크 영양제나 비타민C의 제품색 또는 패키지에 많이 사용된다.

노랑(yellow)

구체적 연상: 바나나, 참외, 민들레, 개나리, 레몬, 해바라기, 교통안전(옐로카펫), 어린이, 옐로카드, 카레, 은행나무, 병아리, 오믈렛, 옥수수, 별, 테니스 공, 유채꽃 등

추상적 연상: 희망, 유쾌, 리듬감, 햇빛, 경쾌, 미숙한, 귀여움, 밝은, 따뜻함, 새콤함 등

노랑은 원색 중에서 빛을 가장 많이 반사하는 색, 즉 유채색 중에서 가장 밝은색이다. 따라서 따뜻하고 생기 넘치는 이미지가 크고 태양을 연상시키며 희망, 유쾌, 리듬감, 햇빛, 젊음, 행복, 경쾌한 느낌을 준다. 노랑은 눈에 잘 띄고 팽창 및 진출해 보이는 효과

가 있어 아동용 통학버스나 교통안전시설같이 시선을 확 끌어야 할 곳에 주의를 주는 목적으로 사용한다. 밝고 쾌활한 이미지로 어린아이들, 봄날의 햇살과 같은 긍정적 이미지가 있지만 서양의 그리스도교에서는 유다와 관련된 부정적 이미지로 경박함, 배신, 불신, 질투와 이별 등의 부정적인 감정을 상징하는 색이기도 하다. 비타민C와 구연산이 풍부한 레몬과 밝은 이미지로 비타민이나 자양음료의 색으로도 많이 쓰이고 어린이 관련 식품에도 많이 사용된다.

초록(green)

구체적 연상: 식물, 숲, 녹즙, 개구리, 크리스마스트리, 골프장, 테니스코트, 고추, 시금치, 멜론, 공원, 네잎클로버, 잔디, 신호등, 대나무, 사과, 수박, 샤인머스캣, 아보카도, 상추, 녹차, 나물 등

추상적 연상: 편안함, 상쾌한, 안전, 친환경, 건강, 자연, 젊음, 신선한, 생명력, 공정, 치유, 명상, 신비한 힘, 진정 작용 등

초록은 봄에 솟아나는 새싹과 같은 자연의 생명력을 지닌 색으로 조용하고 평온한 휴식을 주는 색이다. 초록은 눈에 가장 편안한 색상으로 긴장감을 풀어주고 진정시키는 효과가 있다고 하여 긴 시간 학습을 해야 하는 칠판이나 교실 등에 많이 사용되었

다. 자연과 식물을 상징하는 색으로 친환경적이고 신선한 이미지를 연상시켜 샐러드나 샌드위치 가게, 그리고 공정무역이나 환경을 생각하는 기업의 로고나 제품 패키지에도 많이 사용되는 색이다. 초록은 약간의 채도나 명도의 변화에도 느낌이 많이 달라지는데 너무 밝거나 채도가 높으면 인공적인 느낌이, 너무 채도가 낮아 탁하고 어두우면 곰팡이가 핀 듯 부패한 느낌이 들어 부정적인 효과를 줄 수 있으니 주의해야 한다.

파랑(blue)

구체적 연상: 하늘, 바다, 청바지, 스포츠 음료, 수영장, 지구, 여름, 세제 등
추상적 연상: 기분 좋은, 깨끗한, 똑똑한, 남성, 평화, 탁 트인, 시원함, 차가운, 차분한, 정적인, 공평, 이성적, 우울, 외로움, 젊음, 미래, 신뢰, 신비함 등

파랑은 상쾌하고 차분하면서도 정적인 느낌이 있어 많은 사람이 시대, 문화, 연령, 성별에 상관없이 좋아하며 자주 사용하는 색이다. 또 정직하고 이성적(理性的)이라는 느낌을 주어 신뢰감이나 정확성 그리고 미래지향적이며 세련된 이미지를 주려고 하는 기업의 BI나 CI에 많이 사용된다. 사실 파랑은 자연의 생명체에서 보기 힘든 색이다. 그래서 파란색 몰포나비나 파랑새는 신비함

과 함께 예술가들에게 영감을 주었다. 특히 열매나 식재료가 파란색인 경우는 극히 드물어서 파란색은 식품에 잘 쓰이는 색이 아니었고 오히려 식욕을 떨어트리는 효과가 있다 하여 사용을 지양하였다.

그럼에도 불구하고 파란색이 다른 색에 비해 압도적으로 인기가 있는 이유는 지구의 대부분을 차지하는 물과 하늘의 색이어서 친근하고 익숙하여 편안하다는 것도 있을 것이다. 실제 생리학적으로 파란색은 부교감신경을 자극하여 맥박과 호흡을 진정시키고 시간의 흐름을 더디게 느끼게 하는 효과가 있다고 한다. 하지만 물과 하늘은 유동적이고 시시각각 변해서 아무 변화가 없는 새파란 색은 사람들에게 위화감과 공포감, 그리고 외로움을 주기도 한다. 파란색은 물, 하늘, 여름, 수영장 등 시원하고 청량한 느낌을 주는 색으로 열을 식히는 의미로 스포츠 음료나 빙과류 또는 여름용 제품에 사용하기에 적합하다.

보라(purple)

구체적 연상: 포도, 블루베리, 제비꽃, 창포, 라일락, 가지, 양배추, 자수정, 라벤더 등

추상적 연상: 신비한, 이국적인, 창조적인, 예술적인, 마법 같은, 고상한, 우아한, 숭고한, 귀한, 고귀한, 지적인, 유서 깊은, 공포, 변덕스러운, 정적인 등

보라는 고대에 보라색 안료의 생산이 어려워 왕만 사용할 수 는 귀한 색이었기 때문에 여전히 고급스럽고 지적이며 권력의 상징과 같은 이미지가 있다. 또 보라는 정반대의 성격을 가진 두 색인 빨강과 파랑이 혼합되어 만들어지는 색이어서 중성적이며 신비하고 섬세한 느낌을 준다. 이러한 이유에서인지 예술적 감수성을 풍부하게 해주는 색으로 창조적이며 신성하고 공허한 이미지도 있다. 혼합해서 만들어진 색이므로 붉은색에 가까운지, 파란색에 가까운지에 따라 느낌이 다르고 또 밝기에 따라서도 느낌이 많이 달라 다양한 분야에 사용이 가능하다.

하양(white)

구체적 연상: 눈, 토끼, 셔츠, 우유, 크림, 거품, 파도, 의사, 구름, 설탕, 종이, 치아, 빛, 천사, 두부, 백곰, 학, 백자, 귀신/유령, 웨딩드레스, 도화지, 화이트보드, 가래떡 등

추상적 연상: 청결, 가벼운, 강박, 희망, 순수, 새로운, 신성, 정의, 깨끗한, 청순, 천국, 겨울평화, 자유, 무(無), 무한한, 차가운, 냉담, 투명감, 고고한, 결백, 정제, 정화 등

하양은 순수하고 순결하며 밝고 깨끗한 때 묻지 않은 이미지를 갖고 있어 예로부터 나쁜 것을 씻어 없애준다고 믿었다. 그래서 부정 타지 말라고 치는 금줄에 백지를 끼우거나 액막이용 소

금단지를 놓아 하얀색으로 나쁜 기운을 정화시키고 막으려고 했다. 또 음식에 있어서도 축하를 하거나 기원을 할 때 가래떡, 송편, 백설기, 팥죽에 새알, 흰 쌀밥 등 절기(節氣)나 관혼상제(冠婚喪祭)에서 흰색 음식은 빠지지 않았다. 흰색은 어떤 색과도 잘 어울리고 조화를 이루기 쉬운 색으로 때로는 주연이 되는 음식이 돋보이게 하는 바탕색으로, 때로는 고명으로 주연을 화려하게 살려주는 조력자로서 역할을 한다.

검정(black)

구체적 연상: 석탄, 먹물, 정장, 까마귀, 타이어, 피아노, 볼펜, 바둑알, 흑발, 장례식, 밤, 블랙홀, 우주, 재판관 등

추상적 연상: 어두운, 우울, 공포, 불안, 악마, 세련된, 모던한, 동양적인, 침묵, 죽음, 암담함, 절망, 고요, 절제, 근엄, 권력, 고급스러움, 영원함 등

검정은 모든 빛을 흡수하는 성질을 가진 색으로 가장 어두운 색이다. 그래서 주연이 되는 색을 돋보이게 하거나 정리되어 보이게 하는 효과가 있다. 이러한 이유로 요리에 집중하고 섬세한 맛과 풍미까지 느낄 수 있게 파인 레스토랑의 접시나 테이블은 검은색인 경우가 많다. 그리고 검은색은 중량감과 고급스러운 느낌

도 주어, 고급 브랜드나 고가의 디저트 패키지도 검은색을 사용하는 경우가 많다.

검정은 중량감과 함께 위엄, 권위, 권력과 같은 '힘(power)'을 연상시켜 자칫 무겁고 어두운 이미지로만 생각하기 쉬운데, 어떤 색과 배색하여도 대비가 커서 세련되고 화려한 느낌을 연출할 수도 있다.

+ 맛있게 보이는 색조합 : 배색

맛있는 음식도 어디에 어떻게 담는지에 따라 상품의 가치와 맛이 달라진다. 광고에 나오는 음식은 유난히 탐스럽고 맛있어 보인다. 하얀 접시는 요리의 색채를 돋보이게 하여 보다 맛있게 보이게 하고, 토마토소스나 샐러드의 색은 산뜻하여 신선해 보이고, 스테이크나 튀김의 적당히 탄 색은 고소하고 바삭한 냄새가 느껴질 정도로 생생하다. 광고나 사진에서 사용하는 '시즐감'이라는 것으로, 보는 사람의 식욕과 구매욕을 자극하기 위해서 '맛있을 것 같은 느낌'이 극대화되게 색도 질감도 소리도 힘껏 연출했기 때문이다. '시즐감'에서 색은 중요한 역할을 담당한다.

일반적으로 음식의 색을 해치지 않고 위생적인 느낌도 주려면 흰색 그릇에 담는 것이 가장 무난한 선택일 것이다. 하지만 흰색 중에서도 따뜻한 느낌의 유백색이나 연한 크림색을 띠는 색의 식기가 무난하다. 파란색이 식욕을 떨어트린다는 연구 결과로 파란색이 식품은 물론 용기에도 잘 사용되지 않지만 청자빛 고풍스러운 한식기나 유럽이나 일본풍의 짙은 남색 식기는 음식 색과의 강한 대비로 세련된 느낌을 주기도 한다. 그릇은 음식과 테이블을 시각적, 소재적으로 분리해 시선을 음식에 가게 하는 역할을 한다.

배색이란 2색 이상의 색을 조합하는 것으로 단독으로 있을 때와는 달리, 두 색이 서로 영향을 받아 다른 효과를 내는 것을 말한다. 음식으로 보면 식재료 자체의 색, 조리된 음식의 차림과 그릇과의 관계 모두 배색이 될 수 있다. 우선 식품 자체가 배색을 이루는 경우는 노란 레몬 겉껍질과 흰 속살과 여린 노란색의 과육, 수박의 외피와 빨간 과육, 토마토의 초록 꼭지와 빨간 열매색 등 다양하다. 또 음식을 용기에 담음으로써 배색이 되는 경우는, 흰 접시에 빨간 김치, 맑은 국에 얹어진 푸른 파, 김밥 안 갖가지 재료, 케이크 위의 딸기, 팥빙수의 시럽 등 거의 모든 음식과 차림이 해당될 것이다. 그러면 음식이 맛있게 보이는 배색은 무엇일까?

우선 음식에 있어 배색은 식재료나 식기를 사용할 때 각각의 물체가 가진 색의 색상, 명도, 채도의 차이를 목적에 맞게 조합하여, 조합된 색들의 관계에 따라 다양한 느낌을 연출하는 것이라고 말할 수 있겠다. 어떤 색으로 어떻게 조합하느냐에 따라 색채 이미지 그리고 색들 간의 관계성 등에 의해 더 맛있게, 더 싱싱하게, 더 풍성하고 화려하게 보이도록 하거나 따뜻한 느낌의 상차림으로, 세련된 느낌으로 등 목적에 맞게 다양한 이미지의 연출이 가능하다.

예를 들어 동일 계열의 색상에 명도나 채도의 변화를 주는 배색은 자연스럽고 편안하며 정리된 느낌을 준다. 하지만 좀 지루한 느낌을 줄 수도 있어 동일색상 계열로 배색한 위에 악센트 컬러를 살짝 고명이나 장식으로 얹으면 전체 배색이 살아난다. 예를 들어 핫케이크에 버터 조각이나 과일 토핑, 푸른 레터스만 있는 시저샐러드에 붉은 베이컨 조각, 약식에 호박씨, 메밀소바에 파, 전통 한식에 홍 실고추 장식, 흑당 버블티에 블랙펄 등이 있다. 이때 악센트 컬러는 기존 음식의 색과 대비가 큰 색으로 명도, 채도, 색상의 차이가 크고 되도록 눈에 잘 띄는 색으로 조금만 사용하는 것이 효과가 크다.

색상의 차이가 작은 비슷한 색들, 색상환에서 이웃하는 색들의 관계를 '유사색상'이라고 한다. 주황이면 양쪽의 진노랑에서 다홍색까지의 색들이 되겠다. 유사색상끼리의 배색은 변화도 있으면서 조화를 이룰 수 있어 무난한 색조합이다. 특히 식재료에 있어 비슷한 색이지만 재료나 조리 방법에 따라 명도, 채도가 달라지고 각 재료의 질감도 다양하여, 단조롭지 않으면서 통일감도 있는 가장 많이 볼 수 있는 색조합이다. 애호박 겉껍질의 연두색과 과육의 노란색의 조합, 미모사샐러드, 감자/닭고기/당근이 들어간 카레, 북엇국, 오므라이스, 오곡밥, 약식, 스테이크와 매시드포테이토나 감자튀김, 시금치 키슈(spinach quiche), 페퍼로니피자, 카페라테에 시나몬가루, 붕어빵과 팥 등 다양하다.

색상의 차이가 큰 배색은 색상환에서 서로 마주보는 색(보색)을 포함 대비가 큰 색조합으로 색상 차이가 크기 때문에 화려하고 역동적인 인상을 줄 수 있다. 보색관계의 경우 두 색의 비율을 차이가 많이 나게 하면 더욱 주가 되는 색을 강렬하게 돋보이게 한다. 잘 익은 빨간 토마토와 초록 꼭지, 딸기 주스에 초록 민트 잎, 짜장면에 완두콩, 스테이크에 로즈마리, 초록 상추 위에 빨간 무침들, 파란 접시에 노란 오믈렛 등 그 예가 많다. 또는 고명을 색채 대비가 큰 조합으로 올려 전체 음식의 색을 산뜻하고 화려하게 보이게 하는 경우도 있다. 하양 노랑 지단(달걀지단, 알고명: 달걀의 흰자와 노른자를 갈라서 따로따로 얇게 부쳐 잘게 썬 고명), 청고추와 홍고추, 쑥갓이나 미나리 같은 푸른 잎, 흰 파채와 실고추, 말린 대추와 호박씨 등이 있다.

또 다양한 색을 함께 사용하는 경우가 많은데 우리가 알록달록한 젤리 가게에서 행복감을 느끼는 것과 같은 이유로, 음식을 같은 색으로 제공할 때보다 다양한 색으로 제공하면 섭취량이 늘어난다고 한다. 그래서 젤리나 사탕 회사는 마케팅 측면에

서 다양한 맛을 알록달록한 색상으로 출시하는 것이다. 다양한 색으로 만들어진 음식은 그만큼 재료와 영양적인 면에서 신경을 썼다는 의미여서 클럽샌드위치, 구절판, 신선로, 오색냉채, 파에야, 치라시즈시, 오색경단 등 잔치나 절기 등 특별한 날에 먹는 음식이 많다.

장을 보다 배추는 초록색 망에, 양파는 빨간 망에, 귤은 진한 주황색 망에, 마늘은 하얀 망에 담겨서 파는 경우를 본 적 있을 것이다. 이것은 내용물을 그물의 색에 가깝게 보이게 하려고 의도하여 색깔 망에 넣은 것으로 '동화 현상'을 이용한 것이다. 배치한 색의 차이가 강화되는 대비와 달리, 주변색과 비슷하게 보이는 현상으로, 같이 겹쳐 배치된 색에 의해 배경색이 다르게 보이는 현상을 '동화'라고 한다. 색의 동화 현상은 명도, 채도, 색상 모두에서 일어나며, 주로 줄무늬나 작은 점, 망과 같이 일정하게 반복되는 패턴에서 잘 일어난다. 겹쳐지는 무늬의 크기가 작을수록, 또 반복되는 도형 간 간격이 치밀할수록 그리고 조금 떨어져서 볼 때 효과가 크며, 두 색의 관계는 명도, 채도, 색상의 차이가 작을수록 그 효과가 두드러진다. 즉 배추는 더욱 푸르게, 귤은 더욱 주

◀ 망의 색이 내용물의 색을 더욱 강화시켜 신선하고 맛있게 보이게 한다.

황색으로 마늘은 더 하얗게 보이게 하려는 의도로 색깔 망을 씌운 것이다. 동화 현상을 이용하면 식품에 색소를 사용하지 않고도 손쉽게 더욱 맛있게 보이는 마법을 부릴 수 있다.

우리나라는 특히 고명(꾸미)을 활용하여 음식에 시각적 효과를 주어 아름다움과 식욕을 돋우게 하였다. 고명은 원칙적으로 식품들이 가지고 있는 본연의 색을 살려 이용하는데, 아무 색이나 쓰는 것이 아니고 이 또한 역시 음양오행설에 따라 흰색, 노란색, 푸른색, 빨간색, 검은색의 다섯 가지 색을 이용하였다. 다섯 가지 색을 모두 같이 쓰거나 그중 두 개만 쓰거나 하는 등 필요와 여건에 따라 다양한 조합으로 사용하였다. 고명에는 시각적 효과뿐만 아니라 의식동원(醫食同源)이라는 음양오행설을 바탕으로 음식 간의 조화를 이루고자 하는 깊은 생각이 담겨 있다.

고명의 다섯 가지 색상별로 사용되는 일반적인 재료를 정리하면 다음과 같다.

흰색(白)	달걀 흰자 지단, 껍질을 벗겨 하얗게 볶은 깨, 잣, 밤, 파의 흰 부분, 두부, 배 등
노란색(黃)	달걀 노른자 지단, 은행, 견과류, 볶은 깨(깨소금) 등
푸른색(靑)	미나리 · 호박 · 오이채, 쪽파, 부추 등 채소의 푸른 부분, 호박씨, 완두콩 등

빨간색(赤/紅)	실고추, 홍고추, 고춧가루, 대추, 당근, 고추양념(다대기) 등
검은색(黑)	석이 · 표고 · 목이 등 버섯, 검은 깨, 볶은 고기, 김 등

미국의 색채학자 저드(Deane Brewster Judd)는 색채조화론을 연구했고 조화로운 배색을 위한 법칙을 다음 네 가지 원리로 정리했다.

① 질서의 원리: 색상환과 색공간에서 규칙적으로 선택된 색은 조화롭다.
② 친근성(익숙함)의 원리: 자연계의 풍경과 같은 친숙하고 익숙한 색은 조화롭다.
③ 공통성의 원리: 배색하는 색이 어떠한 공통성, 유사성이 있으면 조화롭다.
④ 명백성의 원리: 배색한 색의 관계가 명료하면(대조를 이루면) 조화롭다.

이 중에서 익숙함의 원리는 자연계는 같은 색이라도 태양(빛)을 받는 쪽이 노란색을 띠고, 그늘지거나 어두운 쪽은 푸른/보라색을 띤다. 예를 들어 같은 색의 잔디인데 햇빛을 받으면 연두색으로 보이는데 그늘진 곳은 청록색으로 보인다. 따라서 배색할 때 노란색에 가까운 색(색상환에서 위치가 노란색과 가까운)이 배색하는 색보다 더 밝으면 자연스러워 보여 더 좋다. 즉 음식이 진한 주황색이면(김치찜, 떡볶이, 조림 등) 청잣빛의 밝은 접시가 아니라 연한 노란빛의 도기나 푸른빛의 그릇이면 진한 색에 담는 것이 음식의 색이 살고 조화를 이룬다는 것이다.

명백성의 원리는 색상이나 명도, 채도의 차이가 커서 대조를 이루면 일단 명료한 느낌이 드니까 조화를 이루는데 배색에 다른 색을 넣어 구분을 하는 경우도 해당한다. 예를 들어 핫초콜릿에 진한 초코 시럽을 뿌리거나 수박의 초록색 껍질과 빨간 과육도 보색을 이루지만 그 사이에 흰 과육이 들어가 이 두 색의 조화를 더욱 세련되고 깔끔하게 잡아주며 여기에 까만 씨가 들어가 완벽한 조화를 이룬다. 그리고 BLT샌드위치는 베이컨과 토마토의 붉은색 사이에 초록 레터스가 들어가 색상 대비를 이루며 식욕을 돋우는 배색이 된다.

일반적으로 재료와 요리의 색은 가능한 한 대비를 크게 주어(동일 색상이면 명도나 채도의 차를 크게, 명도나 채도가 비슷하면 색상의 대비를 크게 줌) 선명하게 하는 것이 맛있게 보인다. 흰색이나 검정 등의 무채색 식기는 대체적으로 모든 요리에 무난하지만, 빨강과 초록, 노랑과 파랑 등의 보색 대비를 식기 선택이나 요리의 차림에 적용하면 시선을 끌며 세련된 느낌을 줄 수 있다.

다양한 색을 똑같은 비율로 사용하면 산만해 보이기 쉽다. 메인이 되는 요리나 장식의 색이 정해져 있다면, 그 색이 잘 어울리면서 차분한 느낌의 색을 식기나 테이블보 등 면적이 큰 부분에 사용하고 메인색에 어울리는 색상을 배색 의도에 맞게 선택해, 전체의 10% 이하의 면적이나 비율에 악센트로 적용하면 전체적으로 조화를 이룬 배색이 된다. 원하는 색 설계의 콘셉트를 가장 잘 표현한 구체적인 이미지를 찾아, 그 이미지에 사용된 색을 참고해 배색의 색을 선정하고 비율을 조정하면 의도한 이미지에 맞는 테이블 코디를 연출할 수 있을 것이다.

| 감사의 글 |

우선 이 책은 (재)오뚜기함태호재단의 출판지원사업의 지원으로 출판되었음을 알려드립니다. (재)오뚜기함태호재단 및 관계자분들께 깊은 감사를 드립니다.

이 책은 많은 분과 소중한 인연이 있었기에 나올 수 있었다고 생각합니다. 이 책이 나오기까지 많은 도움과 응원과 영감을 주신 분들께 감사를 드립니다.

2022년도에 출판된 『색이름 사전』의 감수 작업으로 인연을 맺은 지노출판사의 도진호 대표님과 직원분들께 감사드립니다. 늘 막연하게 책을 내고 싶다는 생각만 하고 있던 제가 이렇게 출판지원사업에 지원하고 책을 낼 수 있었던 것은 지노 출판사와 처음 책을 내며 너무 좋은 경험과 용기를 얻은 덕분입니다. 늘 전문적이면서도 따뜻한 말로 출판 일정과 책의 방향을 알려주시고 세세한 도움을 주셔서 감사합니다.

저에게 색채학을 연구하는 즐거움을 알게 해주시고 저의 모든 색채에 관한 연구의 틀과 지식을 채워주신 일본 죠시비(Joshibi University of Art and Design) 색채학과의 교수님들, 가와카미 겐로(川上 元郎), 오미 겐타로(近江 源太郎), 히라이 토시오(平井 敏夫), 오오이 요시오(大井 義雄), 소바가키 아키히로(側垣 博明), 가와사키 히데아키(川崎 秀昭), 사카다 카츠아키(坂田 勝亮), 나토리 카즈유키(名取 和幸) 님께 깊은 감사를 드립니다. 제가 미약하게나마 지금까지 색채에 관한 연구를 놓지 않고 있는 것은, 선생님들께서 보여주신 연구자로서 끊임없이 탐구하는 자세를 따르고 싶은 마음과, 또 아낌없이 다 전해주시려 했던 선생님들의 가르침을 받은 제자로서 조금이나마 그 은혜에 보답하려는 제 의지의 표현입니다. 늘 가슴 깊이 감사한 마음을 새기며 부족하지만 연구를 계속할 것을 선생님들께 약속드립니다.

제가 자꾸 연구에 뒤처지고 포기하려 할 때면 어떻게 알았는지 갑자기 새로운 학회에 같이 가자고 연락이 오거나 책을 써보라는 조언을 해주시는 등 늘 세세히 챙겨주시는 세명대학교 신희경 교수님! 제가 늘 감사드립니다. 고맙습니다.

이 책에서 다룬 다양한 분야에 대한 인사이트를 준 많은 전시와 맛집, 트렌디한 장소, 고궁 등을 늘 같이 다녀주고 많은 의견과 정보를 준 정말 고마운 친구 곽정은 님과 이기원 님께 감사를 드립니다. 앞으로도 지금처럼 많은 것을 같이해주시길 부탁드립니다.

늘 나를 위해 기도해주고 마음 써주는 사촌이자 자애로운 대모님 최희선 엘리사벳, 초등학교 미술학원 시절부터 지금까지 함께인 친구이자 좋은 연구 파트너인 서울여대 박수이 교수님, 책 속 별사탕 에피소드에도 나오는 나와 일본 유학도 같이한, 늘 그리운 친구 여수경과 수경의 예쁜 딸 린아, 그리고 나의 소중한 다섯 친구들에게 감사드립니다.

언제나 변함없이 지지해주고 늘 내 편인 나의 큰 비빌 언덕 우리 네 자매 상경, 상민, 상윤과 엄마, 아빠, 형부 장수철 님, 장제민, 장제인에게 사랑과 깊은 감사를 드립니다. 그리고 가족 건우, 건희, 김준영 님과 특히 첫 책이 나왔을 때 큰 축하와 격려를 해주신 아버님, 어머님, 심재길 님, 김지원 님께도 감사의 인사를 드립니다. 고맙습니다.

마지막으로 부족하지만 저의 첫 단독 저서인 이 책을 제 영원한 스승이자 최고의 연구자이신 고(故) 오미 겐타로(近江 源太郎) 교수님께 바칩니다.

2023년 12월

지은이 이상명

| 참고문헌 |

국내서

- 김민서 외 6인, 「식용 봄꽃(개나리꽃, 진달래꽃, 목련꽃, 벚꽃) 추출물의 항산화성분과 항산화활성 검색」, 《한국식품과학회지》, vol.46, no.1, pp.13-18, 2014.
- 김석진, 「천연색소분야 국내 기술동향」, 《식품기술》, vol.20, no.1, pp.38-68, 2007.
- 김영순 외 6인, 「동서양의 식용꽃에 대한 고찰(조리방법을 중심으로)」, 《보건과학논집》, 제27권 2호, 2001.
- DK 편집위원회, 『음식 원리』, 사이언스북스, 2018.
- 미야자키 마사카츠, 『처음 읽는 음식의 세계사』, 한세희 옮김, 탐나는책, 2023.
- 박용기, 『맛있다, 과학 때문에』, 곰출판, 2020.
- 에드 용, 『이토록 굉장한 세계』, 양병찬 옮김, 어크로스, 2023.
- 올리버 색스, 『화성의 인류학자』, 이은선 옮김, 바다출판사, 2015.
- 유인서, 「한국 다소비 식용꽃차의 생리활성 연구」, 경기대학교 대체의학대학원 석사학위 논문, 2020.
- 제이미 구드, 『와인 테이스팅의 과학』, 정영은 옮김, 한스미디어, 2019.
- 줄리아 로스먼, 『음식해부도감』, 김선아 옮김, 더숲, 2017.
- 최낙언, 『맛의 원리』, 예문당, 2022.
- 최낙언, 『생존의 물질, 맛의 정점 소금』, 헬스레터, 2022.
- 최지은, 박찬혁, 「식용꽃의 색상과 영양성분의 관계 연구」, 한국화예디자인학회, 2017.
- 홍익희, 『홍익희 교수의 단짠단짠 세계사』, 세종서적, 2022.

국외서

· Chandrashekar et al., "The receptor and cells from mammalian taste", *Nature* 444, 2006, pp.288-94.
· Charles Spence, “What’s the Story With Blue Steak? On the Unexpected Popularity of Blue Foods”, *Frontiers in Psychology*, 2021.
· Charles Spence, “Wine psychology: basic & applied”, *Cognitive. Research: Principles and Implications* Vol.5, 2020. DOI:10.1186/s41235-020-00225-6
· Colin W. Wrigle et al., *Encyclopedia of Food Grains*, Elsevier Science & Technology Books, 2016.
· DuBose C. N., Cardello A. V. and Maller O., “Effects of Colorants and Flavorants on Identification, Perceived Flavor Intensity and Hedonic Quality of Fruit Flavored Beverages and Cake”, *Journal of Food Science* 45, 1980, pp.1393-99.
· Garber L. L., Hyatt E. M., Starr R. G., “The Effects of Food Color on Perceived Flavor”, *Journal of Marketing Theory and Practice* Vol.8, No.4, 2000, pp.59-72.
· George Allen McCue., “The History of the Use of the Tomato: An Annotated Bibliography”, *Annals of the Missouri Botanical Garden* Vol.39, No.4, 1952, pp.289-348, https://doi.org/10.2307/2399094
· Hall, D. J., “The color-add process as applied in Florida”, *Proc. Fla. State Hort. Soc.*, 126, 2013, pp.220–24.
· Joseph P. Redden. Stephen J. Hoch, “The presence of variety reduces perceived quantity”, *Journal of Consumer Research*, 36.3, 2009, pp.406-17.
· Mustafa, E., Valente, M. J., & Vinggaard, A. M., “Complex chemical mixtures: Approaches for assessing adverse human health effects”, *Current Opinion in Toxicology* 34, 2023.
· Peter C. Stewart, Erica Goss., “Plate Shape and Colour Interact to Influence Taste and Quality Judgments”, *Flavour* Vol.2, No.27. 2013.
· Reinhold Carle and Ralf M. Schweiggert., *Handbook on Natural Pigments in Food and Beverages-Industrial Applications for Improving Food Color*, Woodhead Publishing, 2016. https://doi.org/10.1016/C2014-0-03842-7
· S. Shantamma et al., “Emerging techniques for the processing and preservation of edible flowers”, *Future Foods* Vol.4, 2021.
· Stillman J. A., “Color Influences Flavor Identification in Fruit-flavored Beverages”, *Journal of Food Science* Vol.58(4), 1993, pp.810-12.

· Terje Svingen 1, Anne Marie Vinggaard, “The risk of chemical cocktail effects and how to deal with the issue”, *Journal of Epidemiology & Community Health* Vol.70(4), 2016, pp.322-23.
· Wheatley Jane, “Putting Colour into Marketing”, *Marketing* 67, 1973, pp.24-29.
· 近江 源太郎(Ohmi Gentarow), 『カラーコーディネーターのための色彩心理入門』, 日本色彩研究所, 2004.
· 大井 義雄(Ohi Yoshio), 川崎 秀昭(Kawasaki Hideaki), 『色彩-カラーコーディネーター入門』, 日本色彩研究所, 2001.
· 小倉 明彦(Ogura Akihiko), 『お皿の上の生物学』, 角川文庫, 2020.
· 川端 晶子(Kawabata A.), 淵上 匠子(Fuchinoue S.), 『おいしさの表現辞典』, 東京堂出版, 2016.
· 小林三智子(Kobayashi Michiko), “味覚感受性の評価と測定法～若年女性の味覚感受性を中心として～”, 《日本調理科学会誌》 Vol.43(4), 2010, pp.221-27.
· チャールズ・スペンス(Charles Spence) (著), 長谷川 圭(翻訳), 『「おいしさ」の錯覚 最新科学でわかった, 美味の真実』, KADOKAWA, 2018.
· 都甲潔(Toko Kiyoshi), 『感性バイオセンサー味覚と嗅覚の科学』, 朝倉書店, 2001.
· 畑 明美(Hata Akemi), “食べ物の色彩管理に関する研究”, 《食品の物性》 Vol.14, 1988, pp.225-235.
· 久野 愛(Hisano Ai), 『視覚化する味覚 食を彩る資本主義』, 岩波新書, 2021.
· 奥田 弘枝ら(Okuda Hiroe et al.), “食品の色彩と味覚の関係”(식품의 색과 미각과의 관계-일본의 20대의 경우), 《日本調理科学会誌》 Vol.35(1), 2002, 2-9. https://dl.ndl.go.jp/view/download/digidepo_10814429_po_ART0001427907.pdf?contentNo

· 색과 사이즈가 다양한 여러 종류의 바나나에 대한 설명과 소개
Dlaize Kohli, "Different Types of Bananas: Colors and Sizes", Viral Bake. https://www.viralbake.com/different-types-bananas/
Jamie Scott, "19 Different Types Of Bananas: A Complete Introduction 2023", Locademie, https://www.lacademie.com/types-of-bananas/
· 인공색소(합성식품염료)에 대한 설명 및 최신 정보 소개
"Artificial colorings (synthetic food dyes)", CSPI: The Center for Science in the Public Interest is your food and health watchdog. https://www.cspinet.org/article/artificial-colorings-synthetic-food-dyes
· 인공색소를 사용했을 거라고 절대 짐작할 수 없는 의외의 음식 8가지
Sidney Stevens, "8 Foods You'd Never Guess Were Artificially Colored", Treehugger. https://www.treehugger.com/foods-youd-never-guess-were-artificially-colored-4863947
· 우리가 명절에 전이나 빈대떡을 자꾸 먹게 되는 이유를 인간의 뇌가 '기름진 맛'을 '단맛'과 같이 반응하고 선호하기 때문에 사람들이 단맛과 기름진 맛을 억제하기 어렵다는 신경학적 연구를 근거로 설명
Archyde, "The reason why I still reach out for the Chuseok '빈대떡 & 전", Archyde. https://www.archyde.com/the-reason-why-i-keep-reaching-out-for-the-chuseok-before-the-group-sciencetimes/
· 스테이크 굽기 정도에 관한 정보—레어에서 웰던까지
Joe Clements, "Guide to Steak Doneness—From Rare to Well Done", Smoked BBQ Source. https://www.smokedbbqsource.com/steak-doneness-guide/
· 식품의약품안전처 식품 분야 공전(식품 및 식품첨가물의 안전한 관리를 위해 해당 분야의 제조 및 규격 등을 정리해놓은 기준서) 온라인서비스
https://various.foodsafetykorea.go.kr/fsd/#/
· 식품의약품안전처 공식 사이트—식품 등의 기준 및 규격, 법령, 최신 정보 등 제공

https://www.mfds.go.kr/index.do
· 시판의 엠앤엠즈 초콜릿 중 가장 개수가 적은(희귀한) 색은?
Fredrik, "Rarest M&M Color", Facts Net. https://facts.net/rarest-m-and-m-color/
· 장지연, "장지연의 통계 칼럼—m&m 초콜릿에는 어떤 색이 가장 많을까?", 미디어 경청, 2020.
https://www.goeonair.com/news/article.html?no=18431
· Kate Smith, "The official color mix of M&M's candy", Sensational Color.
https://www.sensationalcolor.com/mms-color-mix/
· Hebe Tang, "Candy Chromatography", Hebe's Science Site XDXD.
https://8ehebetang.weebly.com/candy-chromatography/first-post
· 味博士の研究所(맛박사의 연구소)—식품, 조리, 미각 등 식품과 미각에 관한 다양한 정보
https://aissy.co.jp/ajihakase/blog/archives/17682
· Kyushu University, 先生の森一都甲 潔(Toko Kiyoshi).
https://www.kyushu-u.ac.jp/ja/university/professor/toko.html
· 소믈리에를 속이는 것은 간단—와인을 색을 바꾼 후 소믈리에에게 평가를 시킴
https://wired.jp/2013/03/29/how-to-taste/
· 음식이나 용기의 색은 음식의 맛, 섭취량, 기분 등 심리적으로 어떤 영향을 주는지 정리
Caroline Wood, "How Does Colour Affect The Way We Eat?", Foodunfolded.
https://www.foodunfolded.com/article/how-does-colour-affect-the-way-we-eat
· 색에 관한 기초지식부터 응용까지 다양한 정보 제공
https://www.toyoink1050plus.com/color/chromatics/basic/007.php
· 원래 육식을 했던 자이언트 판다가 대나무만 섭취하도록 진화한 이유
What did giant pandas eat 5,000 years ago? https://news.cgtn.com/news/3d3d514d7955444e32457a6333566d54/index.html
· [생물] 대나무만 먹는 편식쟁이 '판다'가 사실은 육식동물?
http://www.edujin.co.kr/news/articleView.html?idxno=31958
· 치자/치자나무에 관한 지식
https://wikipredia.net/ko/Gardenia_jasminoides

· 박소영, "사과와 배 함께 두면 안 되는 이유… 과일 익히는 '에틸렌의 비밀'", 한국일보 라이프, 2022.
https://m.hankookilbo.com/News/Read/A2022010923470000196
· 식용색소의 역사, 종류, 규제 등 식용색소에 관한 지식
https://wikipredia.net/ko/Food_coloring
· 다양한 식용색소에 관한 정보 및 지식 사이트
월리만세, "우리나라에서 사용이 허가된 식용색소: 적색2호, 적색3호, 적색40호…", 차곡차곡 정리하는 삶. https://wally33.tistory.com/93
· 일본 빙수 시럽의 색과 맛에 관한 지식—사실은 모두 같은 맛이다!
"かき氷のシロップは共通?その歴史から味覚まで「風味」の科学!", 行雲流水(こううんりゅうすい. https://arajin-life.com/shaved-ice-syrup/
· 메이지야 마이시럽의 역사—"明治屋「マイシロップ」の歴史".
https://www.meidiya.co.jp/goods/food/ice/syrup.html
· 왜 우유는 하얗고 버터는 노란 색일까?—우유와 버터의 색에 관한 이야기
Sophie Egan, "Since Milk Is White, Why Is Butter Yellow?", The New York Times. https://archive.nytimes.com/well.blogs.nytimes.com/2016/10/14/since-milk-is-white-why-is-butter-yellow/
· 최낙언의 자료보관소—맛, 음식 등에 대한 다양한 자료
http://www.seehint.com/word.asp?md=202&no=10768
· British Tomato Growers' Association(영국 토마토재배자협회)—토마토 관련 지식
https://www.britishtomatoes.co.uk/tomato-facts
· Kobe 케미컬주식회사—식용색소에 관한 기초지식 및 다양한 정보—神戸化成株式会社
https://kobeche.co.jp/material/#material1
· 아마시오주식회사—소금에 관한 다양한 정보—天塩株式会社—決定版「塩」に関する情報を網羅
https://www.amashio.co.jp/shio/
· 한국민족문화대백과사전—소금
https://encykorea.aks.ac.kr/Article/E0029949
· Murray River Salt 호주 머레이 리버 핑크솔트 회사 사이트—소금에 관한 정보
https://murrayriversalt.com.au/our-story/all-about-salt/
· 권위 있는 여행 및 식당 정보 가이드 미슐랭 제공—5가지의 색다른 소금의 소개
Tang Jie, "Shades Of Salt: 5 Different Coloured Natural Salts To Enhance Your

Dining Experience", Michelin Guide Digital—Singapore. https://guide.michelin.com/en/article/features/shades-of-salt
· 다양한 핑크솔트에 관한 정보
Yves Farges, "6 Different Pink Salts... Learning to think Pink", Qualifirst. https://www.qualifirst.com/blog/ceo-blog-13/6-different-pink-salts-learning-to-think-pink-245
· 소금판매 사이트 'The salt box'의 구르메 소금 소개 정보
"The Complete Guide to Black Salt: Origins, Composition, Flavour and Uses", The Salt Box. https://www.thesaltbox.com.au/news/the-complete-guide-to-black-salt-origins-composition-flavour-and-uses/
· 마이야르 반응이란? 네이버 그랑 라루스 요리백과
https://terms.naver.com/entry.naver?docId=5807451&cid=63025&categoryId=63777
· 고기맛의 비밀, 마이야르 반응, YTN사이언스
https://terms.naver.com/entry.naver?docId=5728421&cid=51648&categoryId=63595
· 동아사이언스-[강석기의 과학카페] 방울토마토 먹고 배탈 난 과학적 이유
https://www.dongascience.com/news.php?idx=59268
· 국가기술표준원—색채표준 정보
https://www.kats.go.kr/content.do?cmsid=83
· 이달의 식재료-식용꽃, 한국 농촌진흥청 국립농업과학원
http://koreanfood.rda.go.kr/kfi/foodMonth/view?fd_se=286002&fd_snn=210314&menuId=PS03599
· 육류의 색에 관하여: 肉の色について, 株式会社ハマダフードシステム ㈜하마다푸드 시스템
http://hamadafs.co.jp/publics/index/80/
· "보도자료—식품첨가물 바로 알기 운동 시리즈 (1)-햄, 소시지 등 식육가공식품의 아질산나트륨 첨가 실태조사 결과", 소비자주권 시민회의, 2021.06.04. http://cucs.or.kr/?p=6750
· "보도자료—식품첨가물 바로 알기 운동 시리즈 (2)—식육가공식품의 식품첨가물 안전실태에 대한 조사보고서", 소비자주권 시민회의, 2021.06.15. http://cucs.or.kr/?p=6789
· Okayama University, "No.26—「味」を感じる体の仕組み-吉田竜介", Focus On.

https://www.okayama-u.ac.jp/tp/research/focus_on_26.html
· 색이 보이는 원리, 대비, 조명과 색의 관계 등에 대한 설명
"What Color Is A Banana?—How To See Colors That Aren't Real", hosted by Joe Hanson, Ph.D. PBS Digital Studios, 24 Oct. 2019. https://www.pbs.org/video/what-color-is-a-banana-sbsjyn/
· "The Wedding Planner", Directed by Adam Shankman, Columbia Pictures, 2001. https://www.imdb.com/title/tt0209475/
"Disney Pixar's INSIDE OUT | Clip | Disgust & Anger", YouTube, uploaded by Disney New Zealand, 25 June. 2015. https://www.youtube.com/watch?v=6I-3oTvM-1o

도판출처

© 게티이미지코리아: 8쪽, 22쪽, 25쪽, 49쪽, 53쪽, 74쪽, 81쪽, 85쪽, 97쪽, 110쪽, 138쪽, 142쪽, 146쪽, 153쪽, 157쪽, 159쪽, 163쪽 / © 도모: 210쪽 / © 언플래시: 18쪽(Han Lahandoe), 30쪽(Tamara Gak), 90쪽(Isaac Quesada), 150쪽(Victoria Shes), 180쪽(Volkan Vardar) / © 프리픽: 60쪽, 128쪽(Racool_studioa) / © 히세: 183쪽

맛을 보다

초판 1쇄 2023년 12월 29일
지은이 이상명 | **편집기획** 북지육림 | **교정교열** 김민기 | **디자인** 이선영
제작 재영P&B | **펴낸곳** 지노 | **펴낸이** 도진호, 조소진 | **출판신고** 2018년 4월 4일
주소 경기도 고양시 일산서구 강선로49, 911호
전화 070-4156-7770 | **팩스** 031-629-6577 | **이메일** jinopress@gmail.com

ISBN 979-11-90282-97-0 (03570)

이 책의 출판은 (재)오뚜기함태호재단의 연구출판지원사업에 의해 지원받았습니다.